BEITRÄGE ZUR FORSCHUNGSTECHNOLOGIE

Schriftenreihe für Experimentalmethodik, Systemanalyse und Instrumentierung in der naturwissenschaftlichen, medizinischen und technischen Forschung

Begründet von Günther Lotz †

Herausgegeben vom 1. Vizepräsidenten
der Akademie der Wissenschaften der DDR Ulrich Hofmann

BAND 15

Heinz Bartsch · Jörg Woltersdorf
Hans-Christian Gerstengarbe · Peter Werner

Elektronen-mikroskopische Querschnittsabbildung

von Interfaces und Heterostrukturen in Halbleitern

Mit 47 Abbildungen

AKADEMIE-VERLAG BERLIN 1987

Autoren:

Dr. Heinz Bartsch
Dr. Jörg Woltersdorf
Dipl.-Ing. Hans-Christian Gerstengarbe
Dipl.-Phys. Peter Werner

Institut für Festkörperphysik und
Elektronenmikroskopie der
Akademie der Wissenschaften der DDR
4020 Halle/Saale, Weinberg 2

Manuskriptabschluß: Januar 1986

ISBN 3-05-500233-4
ISSN 0323-5130

Erschienen im Akademie-Verlag Berlin, DDR-1086 Berlin, Leipziger Str. 3—4

Lizenznummer: 202 · 100/421/87
Printed in the German Democratic Republic
Gesamtherstellung: VEB Druckerei „Thomas Müntzer", 5820 Bad Langensalza
Einbandgestaltung: Karl Salzbrunn
LSV 1175
Bestellnummer: 763 670 0 (2167/15)
01200

Geleitwort

Der Einsatz der Elektronenmikroskopie auf den Gebieten der Festkörperphysik und Werkstofforschung ist in zunehmendem Maße durch die Charakterisierung der Realstruktur von Interfaces (Grenzflächen) und von Heterosystemen gekennzeichnet. Die in die technologische Forschung, insbesondere in die Werkstoffentwicklung, einfließenden Ergebnisse derartiger Untersuchungen betreffen gleichermaßen Metalle, Keramiken, Polymere, Gläser und Halbleiter. Von besonderem Interesse sind hierbei einerseits Verbunde zwischen unterschiedlichen Werkstofftypen, andererseits aber auch gezielt hergestellte Heterosysteme, deren Partner sich hinsichtlich Struktur und Stöchiometrie nur unwesentlich unterscheiden. Als wirkungsvolle Methode für die Untersuchung der Realstruktur von inneren Grenzflächen und von Heterosystemen wurde im Laufe der vergangenen zwei Jahrzehnte die Methode der elektronenmikroskopischen Querschnittsabbildung entwickelt.

Innerhalb des weiten Gebietes der elektronenmikroskopischen Querschnittsabbildung von Interfaces und Heterosystemen wird in dieser Veröffentlichung auf die Untersuchung von Halbleitern eingegangen, die als Werkstoffe der Mikro- und Optoelektronik besondere Bedeutung haben. Die Darstellung wird bewußt auf ionenimplantierte Siliciumschichten, epitaktische Halbleiterschichten (Element- und Verbindungshalbleiter) und Halbleiter/Oxid-Grenzflächen beschränkt.

Die Autoren, sämtlich Mitarbeiter des Instituts für Festkörperphysik und Elektronenmikroskopie der Akademie der Wissenschaften der DDR, sind mit der Praxis der elektronenmikroskopischen Untersuchungen von Interfaces und Heterosystemen langjährig vertraut. Mit dieser Publikation beabsichtigen sie, dem Leser einige ihrer Praxiserfahrungen zu vermitteln und damit Anstöße zur gezielten Nutzung dieser aktuellen Technik nicht nur auf dem Gebiet der Halbleiteruntersuchungen, sondern allgemein im festkörperphysikalischen bzw. werkstoffkundlichen Bereich zu geben. Eine vollständige Darstellung des Gebietes wird mit Rücksicht auf den beschränkten Umfang nicht angestrebt; vielmehr soll an Hand von Beispielen aus der eigenen Arbeit eine Übersicht über die Möglichkeiten und Grenzen der elektronenmikroskopischen Querschnittsabbildungstechnik gegeben werden.

Halle (Saale), im Januar 1986

J. Heydenreich

Vorwort

In diesem Band werden sowohl die praktischen Probleme der Querschnittspräparation als auch zahlreiche Anwendungen dieser Methode auf verschiedene Fälle der elektronenmikroskopischen Abbildung von Interfaces und Heterosystemen in Halbleitern behandelt.

Im ersten Abschnitt werden einige aktuelle Probleme der Interface-Theorie gestreift, da die Mikrostruktur von Interfaces und Heterosystemen wesentlich die elektronischen, optischen und magnetischen Eigenschaften von Bauelementen der Mikro- und Optoelektronik beeinflußt. Es wird gezeigt, daß eine theoretische Behandlung der Interface-Problematik in vielfältiger Weise — jeweils nach Art des speziell vorliegenden Systems — möglich ist. Dazu ist jedoch die Kenntnis bestimmter, im allgemeinen schwer oder nicht zugänglicher Parameter wie Wechselwirkungsstärke, Oberflächensituation des Substrats, Depositwachstumskinetik etc. erforderlich, so daß für die meisten praktisch wichtigen Systeme experimentelle Studien unerläßlich sind. Viele der mit der Interface-Problematik verbundenen Fragestellungen sind aber experimentell nur mittels spezieller systemangepaßter Verfahren der Querschnittspräparation lösbar, auf deren Besonderheiten und gerätetechnische Anforderungen am Schluß des ersten Abschnitts eingegangen wird.

Im zweiten Abschnitt wird beschrieben, wie mit Hilfe einer universellen Präparationstechnik, der „face to face"-Methode, Querschnittspräparate für die Untersuchung von Schichtstrukturen in Halbleitermaterialien hergestellt werden können. Einige Beispiele spezieller Schichtsysteme werden detailliert behandelt, da die TEM-Querschnittsabbildung strukturierter Metall-Halbleiter-Isolator-Schichtsysteme eine immer wichtiger werdende Rolle für die Schichtcharakterisierung von Bauelementen der Mikroelektronik spielt. Durch die Einführung der Ionenimplantation als Dotierungsverfahren dünner Halbleiterschichten wird auch die Querschnittsabbildung ionenimplantierter Schichten aktuell. Dabei ist die Charakterisierung des unausgeheilten Zustandes nach der Implantation wichtig für das Verständnis der Rekristallisationsphänomene und der Erzeugung ausgedehnter Gitterdefekte bei der nachfolgenden thermischen oder durch Laserbeschuß bewirkten Ausheilung. Die vertikale Defektanordnung nach der Ausheilung, dargestellt mit Hilfe der TEM-Querschnittsabbildung, läßt Schlußfolgerungen für eine optimierte Prozeßführung zu, insbesondere bei der Herstellung flacher pn-Übergänge.

Ein Spezialgebiet der Ionenimplantation ist die Materialsynthese durch Hochdosierungsimplantation (SOI-Technologien durch O^+- oder N^+-Implantation). Für die Charakterisierung derartiger ionenimplantierter SiO_2- bzw. Si_3N_4-Schichten (Schichtlage, Schichtdimension, Phasenbildung, Defektanordnung) ist die TEM-Querschnittsabbildung durch keine andere Methode ersetzbar.

Im dritten Abschnitt wird die Anwendung der „face to face"-Technik und eines speziell entwickelten „wire shadowing"-Verfahrens (mit dessen Hilfe auch Proben für in-situ Heizexperimente angefertigt wurden) für die Querschnittspräparation verschiedener homo- und heteroepitaktischer Halbleiterschichten dargestellt, wobei die Aufklärung der Defektstruktur in der Interface zwischen halbleitender Schicht und isolierendem Substrat im Vordergrund steht. Von besonderem Interesse sind dabei die im Grenzbereich der Systeme Si/Spinell und GaN/Spinell gefundenen Defektstrukturen, die sich als mehrfach verzwillingte Teilchen (MTP) deuten lassen und zu einer „Volumenanpassung" der Verwachsungspartner führen. Insgesamt folgt aus den im dritten Abschnitt beschriebenen Experimenten, daß sich die epitaktische Halbleiterschicht an ihre Unterlage durch die Erzeugung einer spezifischen Defektstruktur in der Phasengrenze anpaßt, die abhängt vom Fehlpassungsgrad – der sich aus den geometrischen Unterschieden (Kristallstruktur, Gitterparameter) ergibt – sowie von den auftretenden Spannungsverhältnissen (Differenz der thermischen Ausdehnungskoeffizienten).

Abschließend wird im vierten Abschnitt die Aufklärung der Morphologie von Grenzflächenbereichen in atomarer Größenordnung behandelt. Für derartige Untersuchungen an Querschnittspräparaten bietet sich die hochauflösende Elektronenmikroskopie an, die eine direkte Abbildung der Kristallgitterebenen gestattet. Mit Hilfe einiger Beispiele, die keinen Anspruch auf Vollständigkeit erheben, werden die Möglichkeiten dieser speziellen Abbildungstechnik für die Ermittlung von Interface-Strukturen vorgestellt, wobei hauptsächlich die kristallographische Analyse der Grenzflächen von Halbleiter/Oxid-Systemen betrachtet wird.

Für die Überlassung von Probenmaterial aus verschiedenen Forschungseinrichtungen der DDR sei den Kollegen Frau Dipl.-Phys. G. Andrä, Frau Dr. R. Baehr, Dipl.-Chem. A. Franzheld, Dr. E. Glaser, Dr. R. Grötzschel, Dr. E. Hensel, Dr. K. Herre, Dr. Dr. B. Lämmel, Dr. W. Seifert und Dr. W. Skorupa herzlich gedankt.

Schließlich bedanken wir uns bei dem Herausgeber- und Redaktionskollegium der Reihe „Beiträge zur Forschungstechnologie" und dem Lektorat des Akademie-Verlages für die gute Zusammenarbeit, insbesondere bei Professor D. Schulze für die kritische Durchsicht des Manuskripts.

Halle (Saale), im Dezember 1985

Die Autoren

Inhalt

Contents

Содержание

1. Einleitung

1.1. Möglichkeiten der Untersuchung von Interfaces

Eigenschaften und Verwendbarkeit von Materialien, die aus Epitaxiesystemen gebildet werden, sind wesentlich von der Mikrostruktur der in ihnen vorhandenen Grenzflächen bestimmt. Die Grenzflächen bzw. Übergangsbereiche zwischen den einzelnen unterschiedlich zusammengesetzten oder verschieden orientierten kristallinen Verwachsungspartnern (oder zwischen kristallinen und amorphen Phasen) dienen der strukturellen Anpassung der aneinandergrenzenden Gitter bzw. Phasen. Sie sind durch den Ablauf von Festkörperreaktionen im allgemeinen räumlich ausgedehnt. Gewöhnlich werden sie als Interfaces bezeichnet, und ihre Untersuchung gewinnt innerhalb des umfangreichen Problemkreises der Realstruktur von Festkörpern etwa seit Mitte der sechziger Jahre zunehmend an Bedeutung für die Entwicklung elektronischer, insbesondere mikroelektronischer und optoelektronischer Bauelemente sowie für die Herstellung von Spezialwerkstoffen (Verbundwerkstoffe, metallische und keramische Sinterwerkstoffe, Eutektika, Beschichtungen).

Die jeweiligen elektronischen, magnetischen, optischen oder mechanischen Eigenschaften dieser Produkte werden von der Art und der Verteilung der in den Interfaces enthaltenen Kristallbaufehler geprägt. Die Qualität der aus Epitaxiesystemen bestehenden Bauelemente und Spezialwerkstoffe hängt deshalb wesentlich vom Aufbau der speziellen Interface-Strukturen ab. So ist es für Forschung und Industrie gleichermaßen von Interesse, den Zusammenhang zwischen Interface-Struktur, Herstellungsparametern und Produkteigenschaften zu kennen. Voraussetzungen dazu sind:

1. die Ausarbeitung von Möglichkeiten und Methoden der Interface-Beobachtung und
2. die theoretische Beschreibung der Atomistik der Interface-Strukturen.

Die Gesetzmäßigkeiten, die zur Ausbildung bestimmter Interface-Phänomene führen, sind jedoch auch für Fragen der Keimbildung und der Dünnschichtformation von grundsätzlichem Interesse, da sie es ermöglichen, tiefer in das Verständnis der ersten Schritte der Kristallwachstumsmechanismen, d. h. der Wachstumskinetik und der grenzflächengesteuerten Transportprozesse, einzudringen und Beiträge zur Klärung der Epitaxieerscheinungen zu liefern. Aus diesem Grunde überschreitet die Zielstellung der Interface-Untersuchungen die eingangs umrissenen Anwendungsmöglichkeiten. Es wird deutlich, daß es nach wie vor auch notwendig ist, neben den speziellen, für die unmittelbare Anwendung wichtigen Systemen mit oftmals komplizierten Symmetrien und

Verwachsungsbedingungen auch überschaubare Modellsysteme zu untersuchen, die geeignet sind, verallgemeinerte Vorstellungen entwickeln zu helfen.

Die Struktur der Interfaces und damit auch ihre Eigenschaften hängen im wesentlichen von vier Parametern ab (Einzelheiten und weitere Literaturhinweise s. [1] bis [4]). Diese sind:

1. *Die Größe der Fehlpassung m (misfit) zwischen den beiden Epitaxiepartnern.* Sie wird üblicherweise als Quotient aus der Differenz der bulk-Parameter[1] von Substrat und Deposit (a_s, a_d) und dem bulk-Parameter des Substrats definiert: $m = (a_d - a_s)/a_s$. m wird auch als natürliche Fehlpassung bezeichnet, im Unterschied zur effektiven Fehlpassung $\bar{m}$, in der die homogene Pseudomorphiedehnung bereits berücksichtigt ist: $\bar{m} = (\bar{a}_d - \bar{a}_s)/\bar{a}_s$, wobei $\bar{a}_s$ und $\bar{a}_d$ die effektiven Gitterparameter von Substrat und Deposit im Interface-Bereich sind. Damit ist bereits eine eigentümliche Schwierigkeit der Grenzflächenmodelle verbunden, denn die Theorie muß mit der effektiven Fehlpassung $\bar{m}$ arbeiten, die jedoch unbekannt ist bzw. sich als ein Resultat der Theorie ergibt. Daraus kann dann auf die Dichte der Anpassungsversetzungen im Energieminimum geschlossen werden.
2. *Das Schichtdickenverhältnis h_d/h_s* (h_d Depositdicke, h_s Substratdicke). Daß nicht nur die *Deposit*dicke den Aufbau der Interface beeinflußt, wie üblicherweise angenommen wird, sondern auch die Substratdicke einbezogen werden muß, da sie die kritischen Parameter entscheidend modifizieren kann, ist für Halbleiterbauelemente besonders wichtig, deren Deposit- und Substratdicken von vergleichbarer Größenordnung sind (z. B. in der Optoelektronik).
3. *Die Wechselwirkungsstärke zwischen der Substratoberfläche und den ersten Depositschichten.* Dies ist zwar ein entscheidender, aber leider nur unzureichend bekannter Parameter, der daher mehr oder weniger phänomenologisch beschrieben wird. Im Falle starker Wechselwirkung – z. B. in den Systemen Metall auf Metall – wird im allgemeinen vorausgesetzt, daß der vom Substrat auf die entstehende Depositschicht ausgeübte Zwang ausreicht, um das Deposit homogen verzerrt, d. h. entweder pseudomorph oder zumindest partiell pseudomorph, aufwachsen zu lassen. Dadurch werden dann nachträglich bestimmte Gitteranpassungsprozesse nötig und – infolge der gespeicherten elastischen Verzerrungsenergie – auch möglich. Bei schwacher Bindung zwischen Substrat und Deposit, z. B. im System Metall auf Ionenkristall, kann die Schicht sofort mit ihren eigenen Gitterparametern aufwachsen, und das Substrat bewirkt nur eine mehr oder weniger starke Orientierungsbeeinflussung der Depositkeime.
4. *Die Oberflächensituation des Substrats und Einzelheiten der Wachstumskinetik der ersten Depositschichten.* Dazu gehören Diffusionsprozesse sowie festkörper-

1 Gitterparameter des kompakten Materials

chemische Reaktionen im Grenzbereich und ihr Einfluß auf die Wechselwirkungsstärke zwischen den Epitaxiepartnern. Auch die Art und Verteilung vorhandener Kristallbaufehler des Substrats sind hier zu berücksichtigen sowie der Einfluß von Transportprozessen an der Oberfläche oder in der Interface auf die Schichtmorphologie und -zusammensetzung.

Bei der Elektronenmikroskopie von Interfaces sind, nach Überschreiten bestimmter kritischer Parameter von Schichtdickenverhältnis und Fehlpassung, charakteristische Kontrast- bzw. Baufehlertypen zu beobachten. Sucht man nach Gesetzmäßigkeiten für die Abhängigkeit solcher Interface-Phänomene von bestimmten Parametern, so ist man auf Theorien angewiesen, die zwar innerhalb gewisser Gültigkeitsbereiche manche plausible Deutung zulassen, jedoch keinerlei Aussagen über Herkunft und Entstehungsmechanismen der Kristallbaufehler erlauben, die nach Überschreiten kritischer Parameter gitterangleichend wirken. Es sei betont, daß weder die Modelle geometrischer Passung (O-lattice concept und ball and wire model) noch die übrigen Interface-Theorien (Volterra-Näherung, Variationsmethode und Frank-van-der-Merwe-Theorie) Aussagen über derartige Prozesse ermöglichen (zu den theoretischen Modellen s. [1], [4]). Diese Theorien beschreiben lediglich gewisse optimale Endzustände der Atomkonfigurationen durch mehr oder weniger gute Näherungen. Allen diesen Modellvorstellungen, die seit einer ersten festkörpertheoretischen Behandlung des Interface-Problems Ende der vierziger Jahre inzwischen entwickelt worden sind, ist gemeinsam, daß auf unterschiedliche Weise Annahmen über die aufgezählten, im allgemeinen unzureichend oder nicht bekannten Parameter gemacht werden, von denen Struktur und Eigenschaften der Interface abhängen. Daher stellt sich immer dringender die Frage nach geeigneten Präparationsmethoden zur experimentellen Untersuchung der Interface-Struktur, mit dem Ziel, repräsentative Aussagen über die im kompakten Material existierenden Interfaces zu gewinnen.

Die in den letzten Jahren erzielten Fortschritte in der experimentellen Untersuchung von Interfaces sind zu einem wesentlichen Teil den Fortschritten in der elektronenmikroskopischen Untersuchungstechnik einerseits und der Präparationstechnik, speziell der Methode der Querschnittspräparation, andererseits zu verdanken.

Die theoretischen Untersuchungen waren aus Gründen der Behandelbarkeit entweder stark vereinfachten oder hoch spezialisierten Grenzflächensituationen gewidmet, und deren experimentelle Beobachtung war bislang nicht oder nur unzureichend möglich. Durch die Weiterentwicklung der elektronenmikroskopischen Untersuchungstechniken, insbesondere verbesserte Bildauswertungsverfahren, z. B. die Computersimulation des Elektronenbeugungskontrastes, aber auch durch die Anwendung der Höchstspannungselektronenmikroskopie sowie durch die Querschnittspräparation ist nunmehr die Möglichkeit gegeben, überprüfbare Kriterien der Grenzflächentheorien reproduzierbar zu untersuchen.

Der erste Schritt, den Einfluß der Interface auf die beobachteten Eigenschaften von Heterosystemen zu klären, ist der Versuch, die Geometrie der Grenzschicht und ihre Abhängigkeit von den Versuchsparametern zu ermitteln. Der zweite Schritt könnte dann eine kontrollierte Änderung dieser Struktur sein, verbunden mit der jeweiligen Überprüfung der mechanischen, elektronischen oder magnetischen Eigenschaften des betreffenden Systems.

Die folgende Aufzählung stellt Beispiele aktueller Fragen der Interface-Physik vor, zu deren Klärung das Zusammenwirken experimenteller und theoretischer Untersuchungen unabdingbar ist.

1. Wie hängt die Struktur der Interface von der Größe der Fehlpassung zwischen beiden Epitaxiepartnern ab? Ist es insbesondere möglich, innerhalb ein und desselben Systems, etwa durch Legierungsbildung, die Größe der Fehlpassung über weite Bereiche zu variieren?
2. Welchen Einfluß hat die Wechselwirkungsstärke zwischen Substrat und Deposit auf die Interface-Phänomene?
3. Welcher Mechanismus bestimmt das Schichtwachstum? Wie wird dieser Schichtwachstumsmechanismus von der Oberflächentopographie des Substrats beeinflußt? Inwieweit verändern Transportprozesse an der Oberfläche oder in der Interface die Schichtmorphologie und -zusammensetzung?
4. Welchen Einfluß übt das Schichtdickenverhältnis h_d/h_s (h_d Depositdicke, h_s Substratdicke) auf die Ausbildung der Interface-Struktur aus und welche Konsequenzen hat die Deformation des Substrates bzw. die elastisch-plastische Relaxation des Systems während des Depositwachstums, insbesondere auch während der anschließenden Präparation? Hier ergeben sich speziell drei Fragen:
   a) Bis zu welchem Wert von h_d/h_s kann das Substrat als kompakt angesehen werden?
   b) Wie groß ist die Bikristalldeformation in Abhängigkeit vom Verhältnis h_d/h_s und dem Grad der Pseudomorphie?
   c) Auf welche Weise werden die kritischen Parameter für die Erzeugung oder das Ausgleiten von Anpassungsversetzungen im Falle relaxierter Bikristalle beeinflußt?
5. Was sind die kritischen Parameter für das Auftreten von Pseudomorphie, und welches theoretische Interface-Modell liefert die beste quantitative Übereinstimmung mit experimentellen Befunden?
6. Gibt es ein komplexes Zusammenwirken unterschiedlicher, gemeinsam auftretender Anpassungsmechanismen im Interface-Bereich?
7. Wie lassen sich für relativ dicht liegende Anpassungsversetzungen periodische Verzerrungen und Pseudomorphiedehnungen, repräsentiert durch elektronenmikroskopischen Versetzungskontrast und Moiré-Kontrast, voneinander unterscheiden? Ist ein fließender Übergang zwischen Moiré- und Versetzungsstrukturen im Sinne eines erweiterten Interface-Versetzungskonzepts möglich?

Ergänzend zu diesen Problemen, die nahezu ausschließlich für Strukturen zwischen streng epitaktisch verwachsenen Partnern von Interesse sind, sei noch näher auf Probleme in Heterosystemen eingegangen:

Heterosysteme — im nachfolgend gebrauchten Sinn — *sind Mehrschichtsysteme, die im allgemeinen nicht nur aus unterschiedlichen Substanzen bzw. Phasen zusammengesetzt sind, sondern zwischen deren Konstituenten eine Orientierungsbeziehung im Sinne einer epitaktischen Verwachsung nicht notwendig bestehen muß.* Ein Beispiel für ein solches Heterosystem ohne Epitaxiebeziehung bildet ein MOS-Bauelement, zusammengesetzt aus einem einkristallinen Siliciumsubstrat, amorphen SiO_2- und Si_3N_4-Schichten, polykristallinen Siliciumschichten und polykristallinen Aluminiumleiterbahnen.

An Heterosystemen steht also die Interface-Problematik im engeren Sinne nicht im Vordergrund, sondern die Bestimmung der Schichtdickenfolgen und die Messung der einzelnen Schichtdicken, die Ermittlung der Tiefenprofile von induzierten Defekten, die Beobachtung des Kristallisationsgrades und der chemischen Zusammensetzung oder beispielsweise die Phasenbildungssequenz bei der Silicidformation aus den Elementen. Derartige Informationen über Heterosysteme können in konventioneller Durchstrahlung wegen der Überlagerung der Kontrasterscheinungen und der Überschreitung der durchstrahlbaren Schichtdicke nicht gewonnen werden, so daß die *Methode der Querschnittspräparation* in solchen Fällen die einzige Möglichkeit zur elektronenmikroskopischen Beobachtung bietet.

1.2. Die Methode der Querschnittspräparation

Querschnittspräparate sind dadurch charakterisiert, daß die darin vorhandenen Interfaces bzw. Schichten von Heterosystemen *parallel zur Beobachtungsrichtung* orientiert sind. Die Grenzflächen und die sie umgebenden Bereiche sind folglich mit hoher Auflösung direkt im Elektronenmikroskop abbildbar. Um derartige dünne, durchstrahlbare Proben zu gewinnen, ist eine aufwendige Herstellungstechnologie erforderlich, da Kristallstrukturuntersuchungen im Hochauflösungsbereich nur bei Objektdicken unterhalb von etwa 20 nm möglich sind. Daraus ergeben sich zwei wichtige Konsequenzen für das Experimentieren mit Querschnittspräparaten: Es muß gewährleistet sein, daß durch den Abdünnprozeß, dessen letztes Stadium im allgemeinen durch Ionenbeschuß erfolgt, keine zusätzlichen Defekte erzeugt oder Veränderungen der Kristallstruktur verursacht werden. Ferner ist zu berücksichtigen bzw. abzuschätzen, inwieweit infolge der geringen Dicke der mikroskopischen Präparate die Interface-Struktur durch Gitterrelaxationen oder durch Wechselwirkung mit dem abbildenden Elektronenstrahl (Entmischung, Diffusion, Phasenumwandlung) beeinflußt werden kann. (Ausführliche Beispiele für die Technik derartiger Präparationen werden unter 2.1. und 3.1. anhand der „face to face"-Technik und der „wire shadowing"-Technik dargestellt.)

Trotz dieser Einschränkungen ermöglichen Querschnittsproben die Bearbeitung eines breiten Spektrums interessierender Probleme der Grenzflächenphysik. Die Entwicklung der letzten Jahre hat gezeigt, daß die Anwendung dieser speziellen Präparationstechnik für elektronenmikroskopische Untersuchungen nicht nur weitreichende Bedeutung für die Grundlagenforschung hat, sondern auch zunehmend für Fragen der Herstellungstechnologie spezieller Werkstoffe an Interesse gewinnt.

Zur Untersuchung von Grenzflächenstrukturen werden elektronenmikroskopische Methoden seit fast drei Jahrzehnten erfolgreich eingesetzt. Der Vorteil des Elektronenmikroskops gegenüber anderen Analyseverfahren, z. B. lichtmikroskopischen oder röntgenographischen, besteht in dem wesentlich größeren lateralen Auflösungsvermögen, das es gestattet, Details bis zu einer Größenordnung von etwa 0,5 nm abzubilden. Ein Nachteil ergibt sich jedoch aus der starken Wechselwirkung der abbildenden Elektronen mit dem durchstrahlten Objekt, so daß die durchstrahlbaren Probendicken, selbst bei Höchstspannungsmikroskopen (1 MeV), nicht mehr als einige μm betragen; bei den gewöhnlichen Geräten mit einer Beschleunigungsspannung von 100 kV liegen sie maximal bei einigen Hundert Nanometern. Dieser Umstand hat zur Folge, daß die sorgfältige Präparation entsprechend dünner Objekte für die Elektronenmikroskopie entscheidend ist. In der Vergangenheit wurden dazu unterschiedliche Wege eingeschlagen.

Zur Untersuchung der Struktur von Kristalloberflächen, die im weiteren Sinne auch als Grenzflächen aufgefaßt werden können, wurden Abdrucktechniken entwickelt, wobei auf die zu analysierenden Flächen dünne Kohlefilme (evtl. im Anschluß an eine Bedampfung mit Metallatomen) aufgedampft, anschließend abgelöst und unabhängig vom Objekt abgebildet werden können. Bei dieser indirekten Methode, die in den letzten Jahrzehnten zur Lösung verschiedenster Probleme erfolgreich entwickelt und eingesetzt wurde, muß der Kristall nicht abgedünnt werden.

Zur Lösung der Mehrzahl der Interface-Probleme ist es jedoch erforderlich, die Grenzflächen direkt innerhalb der Objekte abzubilden. Hier wird für die Präparation normalerweise von dünnen Kristallplättchen (Dicke: einige 100 μm) ausgegangen, in denen die zu untersuchenden Strukturen meistens parallel zur Oberfläche liegen. Je nach Material wird auf unterschiedliche Art auf durchstrahlbare Dicken abgedünnt. Bei Metallen haben sich solche Verfahren bewährt, mit denen die Objektschichten elektrolytisch abgetragen werden. (Für die Ausführung solcher kontrollierbarer Prozesse wurden auch in der DDR Präparationsapparaturen entwickelt.) Dünne Folien von Halbleitermaterialien lassen sich aus dem Kompaktmaterial durch chemische oder elektrochemische Ätzverfahren herstellen.

Daneben existieren weitere, spezielle Verfahren zur Herstellung elektronenmikroskopischer Präparate von Interfaces bzw. Heterosystemen. Eine Möglichkeit besteht darin, die Grenzflächen durch das Aufwachsen dünner, durchstrahlbarer Filme auf geeigneten Substraten zu erzeugen, wobei die dünnen Schichten anschließend abgelöst und im Mikroskop beobachtet werden. Als Beispiel hierfür seien Wachstumsprozesse von Metallfilmen auf einkristallinen Materialien genannt. Bei dieser Art der Präparation muß jedoch gesichert sein, daß sich die interessierenden Strukturen der Grenzregion durch den Ablösungsprozeß nicht verändert haben.

Die mit diesen Verfahren hergestellten mikroskopischen Präparate haben jedoch einen wesentlichen Nachteil: In ihnen liegen die Grenzflächen normalerweise parallel zu den Präparatoberflächen, also senkrecht zur Beobachtungsrichtung im Mikroskop. Die Interfaces können daher mit ihren charakteristischen Strukturen nur in ihrer flächenhaften Ausdehnung analysiert werden. Über die Tiefenverteilung bzw. -ausdehnung der Defekte in der Grenzregion ist keine Information zu erlangen. In manchen Fällen lassen sich mit Hilfe der Stereomikroskopie Aussagen über die Tiefenabhängigkeit der Strukturen gewinnen, jedoch ist das Auflösungsvermögen dieser Technik auf etwa 10 nm beschränkt.

Oben wurden bereits einige wichtige Probleme der Interface-Physik genannt, deren Lösung genauere Informationen erfordert. Daher wird seit über einem Jahrzehnt international an der Präparation von Querschnitten gearbeitet. Ein erster Überblick über die reichlich vorhandene Literatur zeigt schon, daß die Präparation von Halbleitermaterialien primäres Interesse beansprucht. Allen entwickelten Verfahren ist eigen, daß die zu untersuchenden Grenzflächen bzw. Schichtsysteme senkrecht zur Abtragrichtung liegen. SINCLAIR [5] charakterisierte die Herstellung von Querschnitten als eine sehr aufwendige Technik, wofür langjährige Erfahrung notwendig sei und bei der die erzielte Ausbeute mikroskopischer Objekte dennoch gering wäre. Trotzdem lohne sich der Aufwand, da die Aussicht bestehe, mit ihrer Hilfe Grenzflächenprobleme sowohl allgemein als auch speziell bei der Herstellung von Halbleiterbauelementen zu lösen. Inzwischen liegen – wie auch der vorliegende Band zeigt – zahlreiche Ergebnisse vor, die diese Meinung als berechtigt erscheinen lassen.

1971 ist von LIDBURY, et al. [6] eine Arbeit erschienen, die sich erstmals eingehender mit der Querschnittspräparation von Halbleitermaterialien auseinandersetzt. Das Prinzip des Herstellungsprozesses solcher mikroskopischen Objekte, das meist auch auf andere Substanzen und Schichtsysteme angewendet werden kann, besteht aus folgenden, inzwischen schon als klassisch anzusehenden Schritten: Aus dem Kompaktmaterial, in dem die Interfaces normalerweise (technologisch bedingt) parallel zur Oberfläche liegen, wird ein Scheibchen mit den Abmessungen von etwa 10 mm × 3 mm × 0,5 mm herausgesägt. Bei Halbleiterstrukturen z. B. ist die Dicke von etwa 0,5 mm durch die in der Industrie übliche Scheibenstärke vorgegeben. Ziel des nächsten Schrittes ist, von diesem Plättchen möglichst dünne Stücke abzutrennen. Für die Ausführung dieser Vorgänge erweist es sich als notwendig, den Kristall vorher so in Epoxidharz einzubetten, daß die Grenzfläche in dem etwa 0,1 ... 0,5 mm dicken Scheibchen senkrecht zur Oberfläche orientiert ist. Für die weitere Bearbeitung kann es erforderlich sein, die Geometrie des Plättchens (z. B. durch Ausbohren) auf die Abmessungen mikroskopischer Präparatträger zu korrigieren. Das weitere Abdünnen ist auf zweierlei Weise möglich: Einerseits kann die Probe chemisch bis auf durchstrahlbare Dicken abgedünnt werden. Für Halbleitermaterialien sind die üblichen Säurekombinationen verwendbar. Andererseits bestehen Schichtstrukturen oft aus unterschiedlichen Materialien, deren gleichzeitig gleichmäßiges Abtragen nur durch Beschuß mit einem Ionenstrom möglich ist. Damit das Ionenätzen bei den geringen Abtragraten (Größenordnung 1 μm/h) in vertretbaren Präparationszeiten geschieht, müssen die Probenbereiche, in denen sich die Interface befindet, vorher mechanisch auf etwa 30 ... 40 μm abgeschliffen und poliert werden. Das Endprodukt ist schließlich ein Scheibchen, das im Zentrum, ein- oder zweiseitig abgedünnt, durchstrahlbare Bereiche aufweist.

Der Grund für die große Anzahl an Veröffentlichungen auf diesem Gebiet ist in dem gewachsenen Interesse am Einsatz von Halbleitermaterialien für unterschiedliche Bauelemente und an den damit verbundenen, teilweise noch ungelösten physikalischen und technologischen Problemen zu suchen.

Für Metalle und Keramiken liegen noch keine so reichen Erfahrungen vor. Jedoch ist auch hier eine verstärkte Untersuchung von Grenzflächen an elektronenmikroskopischen Querschnittspräparaten, vor allem im Hinblick auf Fragen der Festigkeitssteigerung bzw. Erhöhung der Bruchzähigkeit, zu beobachten (vgl. z. B. [7, 8]). Der wichtigste und sehr sorgfältig auszuführende Präparationsschritt ist das abschließende Abdünnen, das meist durch Ionenätzung erfolgt. Dies trifft besonders für Schichtstrukturen zu, deren einzelne Komponenten unterschiedlich auf den chemischen oder elektrolytischen Angriff reagieren, oder, wie etwa bei Keramiken, nur auf diese Weise definiert abgetragen werden können. Vornehmlich werden hierfür Argonionen verwendet, wobei die Beschleunigungsspannungen zwischen 5 und 6 kV und die Neigungswinkel zwischen Einstrahlrichtung und Probenoberfläche zwischen 0° und 30° betragen. Bei diesen Werten ergibt sich ein Optimum zwischen möglichst großen Abtragraten und geringen Dichten an Bestrahlungsdefekten. In einigen Fällen gelingt es, bei relativ geringer Probenausbeute, Präparate herzustellen, die eine Strukturanalyse im Hochauflösungsbereich erlauben. Die Probendicke darf hierfür 10 nm nicht überschreiten, die Oberflächen müssen möglichst glatt und frei von Verunreinigungsschichten sein. 1978 wurden von KRIVANEK, et al. [9] erstmals Vielstrahlaufnahmen der Grenzfläche zwischen Si-Substrat und einer amorphen SiO_2-Schicht veröffentlicht, die die kristalline Struktur der Interface mit einem Auflösungsvermögen von etwa 0,3 nm zeigen. Mit der gleichen Präparationsmethode gelang es 1980 ABRAHAMS, HUTCHISON und

BOOKER [10], die atomare Struktur der Grenzfläche zwischen Saphirsubstrat und einer epitaktisch aufgewachsenen kristallinen Si-Schicht abzubilden.

Die zeitliche Folge der Publikationen zur Elektronenmikroskopie von Querschnittsproben läßt den Schluß zu, daß die einzelnen Arbeitsgruppen etwa fünf Jahre benötigten, ehe sie diese Präparationsmethode befriedigend handhaben konnten.

Zusammenfassend kann die Herstellung von Querschnittspräparaten, speziell für die Hochauflösungsmikroskopie, als eine problemreiche und sehr komplexe Technik angesehen werden, die entsprechend den zu untersuchenden Materialien bzw. Schichtstrukturen in ihren einzelnen Schritten modifiziert werden muß. Für deren Erarbeitung ist sowohl ein hoher zeitlicher als auch ein umfangreicher technischer Aufwand erforderlich.

In der Literatur werden nahezu ausschließlich solche Techniken der Querschnittspräparation beschrieben, bei denen die Ionenstrahlabdünnung als Polierverfahren unumgänglich ist. Nur für wenige Spezialfälle können Verfahren entwickelt werden, die ohne Ionenstrahlätzung auskommen. Von den Autoren wurden gleichfalls spezielle Ionenabdünntechniken als wesentlicher Präparationsschritt aller Querschnittsuntersuchungstechniken benutzt. Diese Methoden lassen sich in zwei Gruppen einteilen: Einerseits existieren die „face to face"-Techniken (vgl. 2.1.), bei denen zwei Proben von Schichtsystemen parallel zu den Schichten an ihren Oberseiten miteinander verklebt, anschließend senkrecht dazu geschnitten und dann mit dem Ionenstrahl abgedünnt werden. Diese Verfahren sind für alle Arten von Halbleitermaterialien mit unterschiedlicher Oberflächenmodifikation (Ionenimplantation, Oxidation, Beschichtung) universell anwendbar. Für Bauelementestrukturen mit Oberflächenbelegungen, deren Dicke die Größenordnung von 1 μm überschreitet, muß jedoch (durch entsprechende Wahl der Ionenart und der Ätzparameter) auf homogene Abtragraten geachtet werden.

Eine zweite Gruppe von Techniken bezieht sich auf Schichtstrukturen mit stark unterschiedlichen Abtragraten, wo zusätzliche Hilfsmittel erforderlich sind, um zu erreichen, daß in den Grenzflächenbereichen jeweils beide Verwachsungspartner noch vorhanden und elektronenmikroskopisch durchstrahlbar sind. Ein Beispiel für eine solche Methode ist die „wire shadowing"-Technik (vgl. 3.1.).

1.3. Aufbau und Funktion von Ionenstrahlabdünnapparaturen

Für die Präparation elektronenmikroskopischer Objekte werden heute kommerzielle Ionenstrahlabdünnanlagen eingesetzt, die in der Regel mit Feinstrahlionenquellen ausgerüstet sind, d. h., daß die Halbwertsbreite des Intensitätsprofils einen Durchmesser von 0,4 ... 0,8 mm hat. Dies ist notwendig, da die bestrahlte Fläche wegen des benötigten flachen Einfallswinkels des Ionenstrahls zur Probenoberfläche (10 ... 30°) in einer Dimension stark gestreckt wird. Die zum Einsatz gelangenden Feinstrahlionenquellen sind in den meisten Apparaturen nach einem der drei folgenden Prinzipien aufgebaut:

1. Kanalstrahlionenquelle [11, 12],
2. Sattelfeldionenquelle [13, 14, 16],
3. Penning-Ionenquelle [15].

In Abbildung 1a sind die Prinzipskizzen für diese drei Arten zusammengestellt. Diese Ionenquellen sind wartungsarm, ihre Effektivität nimmt von 1. bis 3. zu, allerdings nimmt auch der apparative Aufwand in gleicher Richtung zu.

Bei der Kanalstrahlionenquelle wird eine Gleichspannung (4 ... 10 kV) an die plattenförmig angeordneten Elektroden gelegt. Im Anodenrohr findet bei Druckerhöhung durch den Einlaß von Edelgasen (Ar, Kr, Xe) oder Gasgemischen (Zumischen von O_2) eine Gasentladung statt, in deren Folge positive Gasionen zur Katode beschleunigt und durch die Katodenbohrung auf das Objekt gerichtet werden. In der Sattelfeldionenquelle ist die Anode zentralsymmetrisch zu zwei Katoden angeordnet. Die angelegte Hochspannung bewirkt beim Gaseinlaß eine effektive Ionisierung, die durch eine mit dieser symmetrischen Anordnung erzwungene pendelnde Elektronenbewegung erreicht wird. In diesem Falle entstehen zwei entgegengesetzt gerichtete Ionenstrahlbündel gleicher Intensität, deren einer auf das Objekt gerichtet ist, während der andere mit Hilfe eines Strahlfängers zur Messung des Ionenstroms verwendet wird.

Die Penning-Ionenquelle arbeitet nach dem bekannten Prinzip des gleichnamigen Vakuummeters. Durch ein radiales Magnetfeld werden die Elektronen im Katodenraum auf Kreisbahnen gezwungen. Auf diese Weise wird eine hohe Ionisierungsrate auch noch im Hochvakuum-Druckbereich erreicht. Daher arbeitet diese Ionenquelle mit minimalem Gasverbrauch, der in der Größenordnung der Restgasmenge im Hochvakuumbereich liegt. Allerdings erfordert dieser Quellentyp eine zweite Hochspannungserzeugung für eine Extraktionslinse, die im allgemeinen zu einer einfachen Ionenoptik zur Optimierung des Strahlquerschnittes erweitert wird.

Ein auf der Basis eines kommerziellen Hochvakuumpumpstandes möglicher Laboraufbau einer Ionenstrahlabdünnapparatur gestaltet sich folgendermaßen: Die Apparatur ist, wie bei kommerziellen Apparaturen ebenfalls üblich, mit zwei Ionenquellen ausgerüstet, die in einer Achse angeordnet sind (Abb. 1b). Im allgemeinen werden zwei Varianten der Quellenanordnung gewählt. Entweder sind die Ionenquellen um einen rotierenden Probenhalter schwenkbar (Abb. 1b), um den Einfallswinkel des Ionenstrahls einzustellen, oder die Ionenquellen sind starr auf einen schwenkbaren Probenhalter gerichtet. Derart können die Präparate von beiden Seiten abgedünnt und der Einfallswinkel des Ionenstrahls zur Präparatoberfläche variiert werden. In speziellen Fällen [16] sind die Ionenquellen so variabel angeordnet, daß sie sowohl die oben

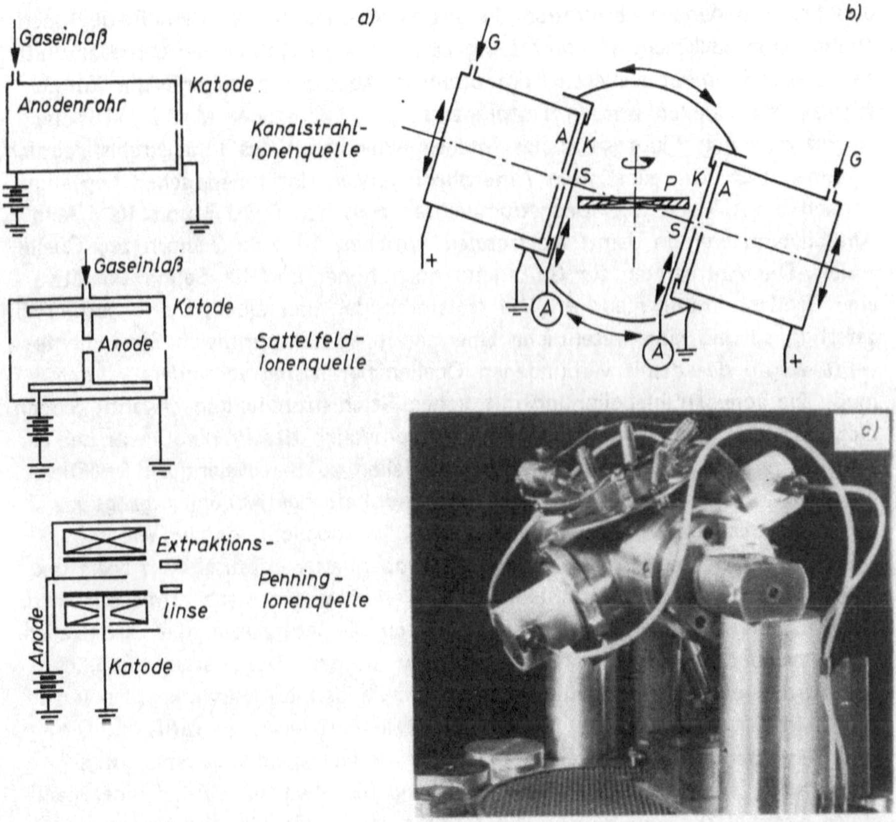

Abb. 1. a) Prinzipskizzen unterschiedlicher Feinstrahlionenquellen
b) Schema einer Ionenstrahlapparatur mit Kanalstrahlionenquellen
c) Aufbau einer Ionenstrahlapparatur mit Kanalstrahlionenquellen
A – Anode, K – Katode, G – Gaseinlaß, S – Meßsonde,
P – Probenhalter

genannte Konfiguration erlauben als auch beide auf eine Probenoberfläche gerichtet werden können. Abbildung 1c stellt die in einem Rezipienten eines Hochvakuumpumpstandes aufgebaute Ionenstrahlapparatur dar (Rezipient geöffnet). Die beiden Ionenquellen sind um den Probenhalter schwenkbar (0 ... 60°), der Probenhalter und der Probenraum sind wassergekühlt. Das Objekt ist von oben und von unten beleuchtbar. Probenhalterung und Ionenquellen sind vollständig innerhalb des Rezipienten angeordnet. Durch ein Beobachtungsfenster kann die Abtragung mit Hilfe eines Stereomikroskopes verfolgt und bei beginnender Perforation der Probe abgebrochen werden. Beide Ionenquellen sind senkrecht zu ihrer Längsachse in x-y-Richtung verschiebbar und somit zum Präparat justierbar, um optimale Abtragraten zu erzielen. Zur Justierung der Quellen werden Testpräparate (Ba_2TiO_4- oder MgO-Einkristalle) eingesetzt, deren Fluoreszenz das Intensitätsmaximum des Ionenstrahls deutlich erkennen läßt. Die günstigsten Arbeitsbedingungen der Ionenquellen liegen im Bereich 5 bis 7 kV mit Ionenstromdichten zwischen $6 \cdot 10^{-3}$ und 10^{-2} Acm^{-2}. Am Silicium werden damit Abtragraten zwischen 1,5 und 2 μm/h pro Quelle erzielt. Die Abtragraten für GaAs sind noch höher und für Saphir um etwa eine Größenordnung niedriger. Die Isolatoren der Ionenquellen sind aus PTFE gefertigt, so daß eine wesentliche Überschreitung der optimalen Stromdichtewerte wegen der damit verbundenen Quellenüberhitzung verhindert werden muß. Die Ionenstrahlabdünnung mit hohen Strahlstromdichten erwärmt jedoch nicht nur die Ionenquellen, sondern auch erheblich das Präparat, was bei der Bearbeitung temperaturempfindlicher Materialien zu berücksichtigen ist. Die Objekterwärmung wird besonders in der Endphase des Abdünnvorgangs kritisch (Temperaturerhöhung auf über 400 K ist möglich), da die Wärmeableitung vom abgedünnten Objekt zum Probenhalter drastisch verringert und selbst bei gekühltem Präparathalter keine Temperaturkonstanz erreichbar wird. Zur Erzielung einwandfreier Präparate müssen die Abtragrate, die Oberflächenqualität und die Objekterwärmung optimiert werden. Dazu ist es nötig, den Ionenstrom, die Beschleunigungsspannung sowie den Einfallswinkel des Ionenstrahls in den verschiedenen Phasen des Abdünnprozesses zu variieren. Die zum Betreiben der Ionenquellen erforderliche Hochspannungsversorgungseinrichtung liefert eine einstellbare Spannung bis etwa 10 kV bei einer maximalen Stromstärke von 3 mA. Das Gerät hält die für die Abdünnung eingestellte Stromstärke konstant, begrenzt bei Lawinenentladungen oder Überschlägen im System die Stromstärke bzw. regelt die Hochspannung schnell auf einen niedrigen Wert und schützt somit das Hochspannungsgerät und die Ionenquellen.

Die geforderten Eigenschaften des Versorgungsgerätes gewährleistet das Prinzip des fremdgesteuerten Transverters mit anschließender Kaskadengleichrichtung. Ein Generator steuert mit einer Frequenz von 20 kHz über ein Stellglied einen Leistungstransverter an, der eine Spannung von etwa 1,8 kV abgibt. Diese Spannung wird durch eine nachgeschaltete, aus 6 Stufen bestehende Kaskadengleichrichterschaltung auf 10 kV erhöht. Über einen Spannungsteiler wird ein Teil dieser Ausgangsspannung als Istspannung abgegriffen, einem Regelverstärker zugeführt und hier mit dem einstellbaren Sollwert verglichen. Die bei Abweichung entstehende Differenzspannung wird verstärkt und dann so dem Stellglied zugeführt, daß die vorgewählte Ausgangspannung konstant bleibt. Ferner ist der durch den Spannungsteiler fließende Strom ein Maß für die an den Ionenquellen anliegende Spannung, wofür ein Drehspulmeßinstrument als Anzeige dient. Durch die Kombination einer Schwellwertschaltung mit Regelverstärker und Stellglied wird erreicht, daß die Ausgangsspannung bei Überschlägen oder Lawinenentladungen in den Ionenquellen kurzzeitig auf einen unkritischen Wert abnimmt. Eine weitere Baugruppeneinheit enthält einige einfache Stromversorgungsbausteine mit den dazugehörigen Anzeige- und Bedienungselementen. Sie dient zum Betrieb der peripheren elektromechanisch betätigten Vorrichtungen und der Beleuchtung innerhalb des Rezipienten.

Die für den Dauerbetrieb der Gesamtanlage nötige Betriebssicherheit gewährleistet eine elektronische Vakuumsicherheitsschaltung, die den eventuellen Stillstand der Rotationspumpe signalisiert und die Gesamtanlage über die interne Schutzschaltung des Pumpstandes außer Betrieb setzt.

2. Querschnittsabbildung ionenimplantierter Siliciumschichten

2.1. Präparationsverfahren

Für die TEM-Querschnittsabbildung von Schichtstrukturen wurden verschiedene Präparationsverfahren entwickelt [17–19] (s. auch Kapitel 3), wobei heute die „face to face"-Methode [23–27] für die Präparation von Halbleitermaterialien wohl am weitesten verbreitet ist. Diese Technik wurde für die hier angeführten Untersuchungen verwendet.

Zur Untersuchung oberflächennaher Schichten von modifizierten Halbleitermaterialien (nach Implantation, Diffusion, Oxidation und Beschichtung) oder von Halbleiterbauelementen ist es zweckmäßig, zwei Scheiben des Probenmaterials an den Oberflächen zusammenzukitten. Als Klebemittel werden meist Epoxidharze verwendet, vorrangig Zweikomponentenkleber ohne Füllmittel. Nach entsprechenden Vorversuchen können dem Kleber Zuschlagstoffe (z. B. Graphitpulver, Leitsilber) zugesetzt werden, die die Abtragrate des Klebers an die des Halbleitermaterials bei der Ionenstrahlbearbeitung angleichen und die elektrische bzw. Wärmeleitfähigkeit bei der Ionenabdünnung verbessern. Die Klebung wird unter Druck bei erhöhten Temperaturen ausgehärtet, damit die verbindende Polymerschicht eine Dicke von etwa 2 μm nicht überschreitet. Bei größeren Abständen macht sich die selektive Abtragung durch den Ionenstrahl schon deutlich bemerkbar. Abbildung 2 zeigt die einzelnen Schritte der Präparation. Die Breite der Probenscheiben darf im allgemeinen nicht mehr als 3 mm betragen, da die Standardprobenhalter für TEM-Objekte nur Probendurchmesser von 2,3 und 3,2 mm erlauben. Für manche Hochauflösungselektronenmikroskope sind nur Proben mit 2,3 mm Durchmesser passend. Dagegen können im Höchstspannungselektronenmikroskop aufgrund seiner größeren Polschuhgeometrie Probenhalter verwendet werden, die Objekte bis zu einem Durchmesser von etwa 8 mm aufnehmen können. Die einzelnen Präparationsschritte müssen erforderlichenfalls diesen Gegebenheiten angepaßt, d. h., die Probendimension muß im ersten Präparationsschritt (Abb. 2a) festgelegt werden. Nach dem Kleben (bei dünnen Proben – Dicke < 200 μm – empfiehlt es sich, von beiden Seiten Material entgegenzusetzen) werden Scheiben mit einer Dicke von etwa 100 . . . 200 μm senkrecht zur Scheibenoberfläche abgetrennt (Fadensäge, Diamanttrennscheibe – Abb. 2b). Diese Objekte (Abb. 2c) werden einseitig poliert und auf einen Trägerring (Al, Messing, Cu) mit einer Dicke ≤ 200 μm mittels Epoxidharz aufgekittet. Danach wird die Scheibe auf der Gegenseite poliert, dies bis zu einer Dicke von weniger als 50 μm, um die Polierzeiten in der Ionenstrahlabdünnanlage kurz zu halten. Für diese Vorpräparation werden erprobte

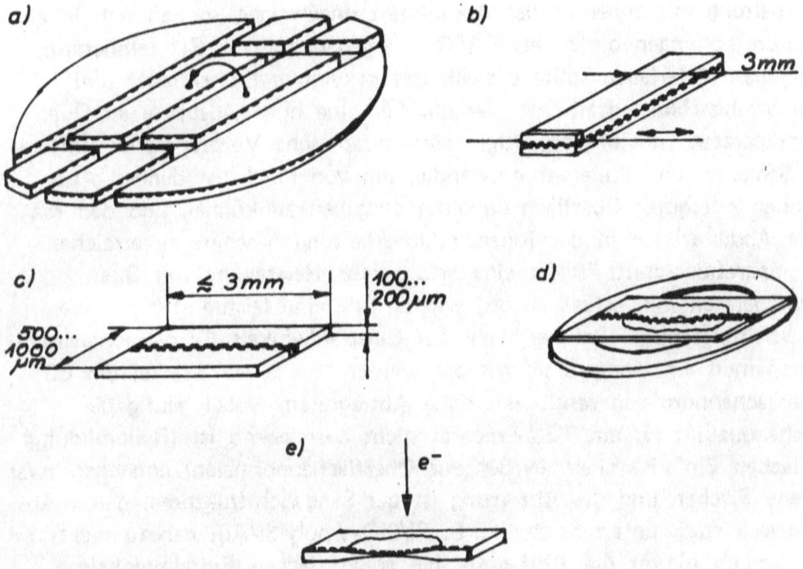

Abb. 2. Einzelschritte der „face to face"-Methode der Querschnittspräparation
a) Scheibenvereinzelung, b) Aufkitten (face to face) und Sägen, c) Dimensionen des geschnittenen Präparates, d) Fertiges durchstrahlbares Präparat auf Haltering, e) Profil des abgedünnten Präparats

metallographische Schleif- und Polierverfahren benutzt, deren Anwendbarkeit für das verwendete Material und die gewählte Methode jeweils getestet werden sollte. Der letzte Präparationsschritt ist die Abdünnung bis zur durchstrahlbaren Dicke (Abb. 2d) in einer Ionenstrahlabdünnapparatur, in der mit geeigneten Ionenquellen Gasionen (Ar^+, Kr^+, N^+, Gasgemische) bei Beschleunigungsspannungen bis zu 10 kV auf die Probenoberfläche gerichtet werden (Einstrahlwinkel $60° \leq \alpha \leq 85°$ zur Oberflächennormale), die durch Stoßprozesse Probenmaterial abtragen [11–16, 30, 31]. Dafür sind vorwiegend Gasentladungsquellen [11, 12], Sattelfeldquellen [13, 14, 16] und Penning-Ionenquellen [15] gebräuchlich. Während der Ionenbestrahlung rotiert die Probe, um die Bildung eines Oberflächenreliefs während der Abtragung zu verhindern oder zumindest zu erschweren [31–33]. Nach der Ionenstrahlabdünnung ergibt sich ein Probenprofil, wie es in Abbildung 2d und e schematisch dargestellt ist. Es ist zu beachten, daß sich die Probe während der Ionenstrahlbearbeitung erwärmt, vor allem, wenn mit maximalen Strahlströmen gearbeitet wird, um hohe Abtragraten zu erzielen. Durch den geringen Probenquerschnitt wird die Wärmeableitung von den abgedünnten Bereichen während der Bearbeitung mit zunehmender Abdünnzeit ungünstiger, so daß sich lokale Temperaturerhöhungen bis zu etwa 500 K ergeben können. Bei temperaturempfindlichen Materialien sollte deshalb mit gekühltem Probenhalter und mit geringen Strahlströmen gearbeitet werden. Für eine hohe Ausbeute an Querschnittspräparaten ist eine sorgfältige metallographische Vorpräparation (mechanisches Schleifen und Polieren) notwendig, um von möglichst dünnen Ausgangsproben mit guter Oberflächenqualität ausgehen zu können und dadurch geringere Abdünnzeiten in der Ionenstrahlbearbeitungsmaschine zu erreichen. Dieser Präparationsschritt ist für eine erfolgreiche Herstellung von Querschnittspräparaten mindestens ebenso wichtig wie eine leistungsfähige Ionenstrahlbearbeitungsanlage. Bei der Wahl des Einstrahlwinkels für die Ionenstrahlabdünnung muß ein Kompromiß gesucht werden. Bei einem Winkel um 60° zur Oberflächennormalen resultieren hohe Abtragraten, wobei häufig die Oberflächenqualität für ein TEM-Präparat nicht ausreichend ist (Reliefbildung). Unter flachen Einfallswinkeln (≈ 80° zur Oberflächennormalen) entstehen zwar sehr ebene Flächen und die Abtragung ist bei Sandwichstrukturen, deren Abtragraten sich stark unterscheiden (z. B. Si/SiO_2 / poly-Si/Al), nahezu nichtselektiv, jedoch nimmt die Abtragrate bei solch flachen Einfallswinkeln drastisch ab. Deshalb sollte die Ionenabdünnung zunächst unter steilen Winkeln (20° . . . 30° zur Oberfläche) beginnen, wobei das Material mit hoher Abtragrate „abgeätzt" wird. Im letzten Drittel der Abdünnung sollte dann das „Polieren" mit geringerer Strahlenenergie (etwa 5 keV) bei flachem Einfallswinkel (etwa 10° zur Oberfläche) folgen.

Eine homogenere Abtragung von Heterosystemen kann auch durch die Verwendung von Gasgemischen erreicht werden, z. B. durch Zumischen von Sauerstoff zu Argon bei Si/SiO_2-Sandwichsystemen. An großflächig homogenen Schichtstrukturen ist die Ausbeute auswertbarer Objekte am größten, da die Präparation keine Zielgenauigkeit erfordert. Dagegen erhöht sich der Präparationsaufwand strukturierter Proben (Bauelementestrukturen, Laserspuren, Laserspots, Teststrukturen etc.) erheblich und die Ausbeute nimmt wegen der geringeren Trefferwahrscheinlichkeit ab. Die Untersuchung strukturierter Objekte erfordert zudem häufig eine größere Anzahl von Proben, um alle interessierenden Gebiete zu erfassen, während für großflächige Schichtstrukturen meist ein einziges brauchbares Präparat die lateral homogenen Strukturen darstellbar machen kann.

2.2. Untersuchungen an strukturierten Schichtsystemen

International wird heute die TEM-Querschnittsabbildung intensiv zur Schichtcharakterisierung von Halbleiterbauelementen eingesetzt [22, 23, 34–39]. Die Erprobung der Querschnittspräparationstechnik soll deshalb anhand von eigenen Untersuchungen an strukturierten Schichtsystemen vorgestellt werden.

Abbildung 3 zeigt ein Detail einer poly-Si-Anordnung, dessen Schichtaufbau c-Si-Substrat/SiO_2/poly-Si/Al-Leiterbahn, von unten nach oben, zu erkennen ist. Durch Unterschiede in der Abtragrate der einzelnen Schichten des Systems ist die Durchstrahlbarkeit der Aluminiumleiterbahnen, verglichen mit den anderen Bestandteilen, stark vermindert. Die Bauelementeeigenschaften (z. B. das Leckstromverhalten) von MOS-Schaltkreisen erfordern die reproduzierbare Herstellung geeigneter poly-Si-Schichten (homogene Korngröße, geringe Oberflächenrauhigkeiten). Die Diagnose solcher Schichten macht – neben der üblichen „lateralen" Durchstrahlungsabbildung und eventuell der Oberflächenabdrucktechnik zur Korngrößenbestimmung – in zunehmendem Maße auch die Querschnittsabbildung nötig. In Abbildung 4 werden eine „laterale" und eine Querschnittsabbildung derselben poly-Si-Schicht, aufgebracht auf eine SiO_2-Schicht auf einkristallinem Siliciumsubstrat, verglichen. Aus der lateralen Abbildung ist weder die vertikale Kornverteilung noch das in Abbildung 4b sichtbare säulenförmige Wachstum der Körner erkennbar. In der Querschnittsabbildung sind jedoch zusätzlich die Oberflächenrauhigkeiten der poly-Si-Schicht, hervorgerufen durch unterschiedliche Wachstumsrichtungen der Körner, deutlich auszumachen; sie betragen etwa 10 % der Schichtdicke der gesamten poly-Si-Schicht. Diese Oberflächenrauhigkeiten können vor allem in Doppel-poly-Siliciumschichten die Leckströme erhöhen, die u. a. die Speichereigenschaften von Siliciumspeicherbauelementen herabsetzen. Daher werden Methoden gesucht, die es erlauben, die Oberflächen der poly-Siliciumschichten zu glätten. Die Herstellung leistungsfähiger Bauelemente erfordert deshalb die Untersuchung von poly-Siliciumschichten mit der TEM-Querschnittsabbildung, um die geeigneten Prozeßparameter zu ermitteln, z. B. [34, 40–43].

Eine Möglichkeit zur Oberflächenglättung von poly-Siliciumschichten ist die Implantation geeigneter Ionen in die poly-Si-Schicht bis zur Amorphisierung eines oberflächennahen Bereiches und die nachfolgende Rekristallisation durch Laserbestrahlung. So zeigt Abbildung 5a den Querschnitt solcher poly-Si-Schichten (I) vor der Implantation, charakterisiert durch säulenförmige Kristallite und Abbildung 5b nach der Implantation, die eine amorphe Oberflächenschicht erzeugt hat (I). Werden Dotierungsatome in die Schicht implantiert, dann kann das Verfahren auch zur gezielten Dotierung der poly-Si-Schicht benutzt werden. Die Abbildungen 5c und d zeigen die Schichten nach Laserbestrahlung mit unterschiedlichen Intensitäten. In Abbildung 5c reichte die Schmelztiefe der Laserbestrahlung bis zur SiO_2-Grenzfläche, so daß gleichzeitig eine Schicht mit größeren Körnern erzeugt wurde, die über die gesamte Schichtdicke homogen mit den eingeschossenen Ionen dotiert ist. In Abbildung 5d ist eine oberflächennahe Schicht zu sehen, die durch den Laserbeschuß nur bis zur amorph/polykristallinen Phasengrenze aufgeschmolzen war und demgemäß von dort ausgehend rekristallisiert ist (I). Darunter ist die ursprüngliche Kornstruktur erhalten geblieben (II), und die Dotierungsatome

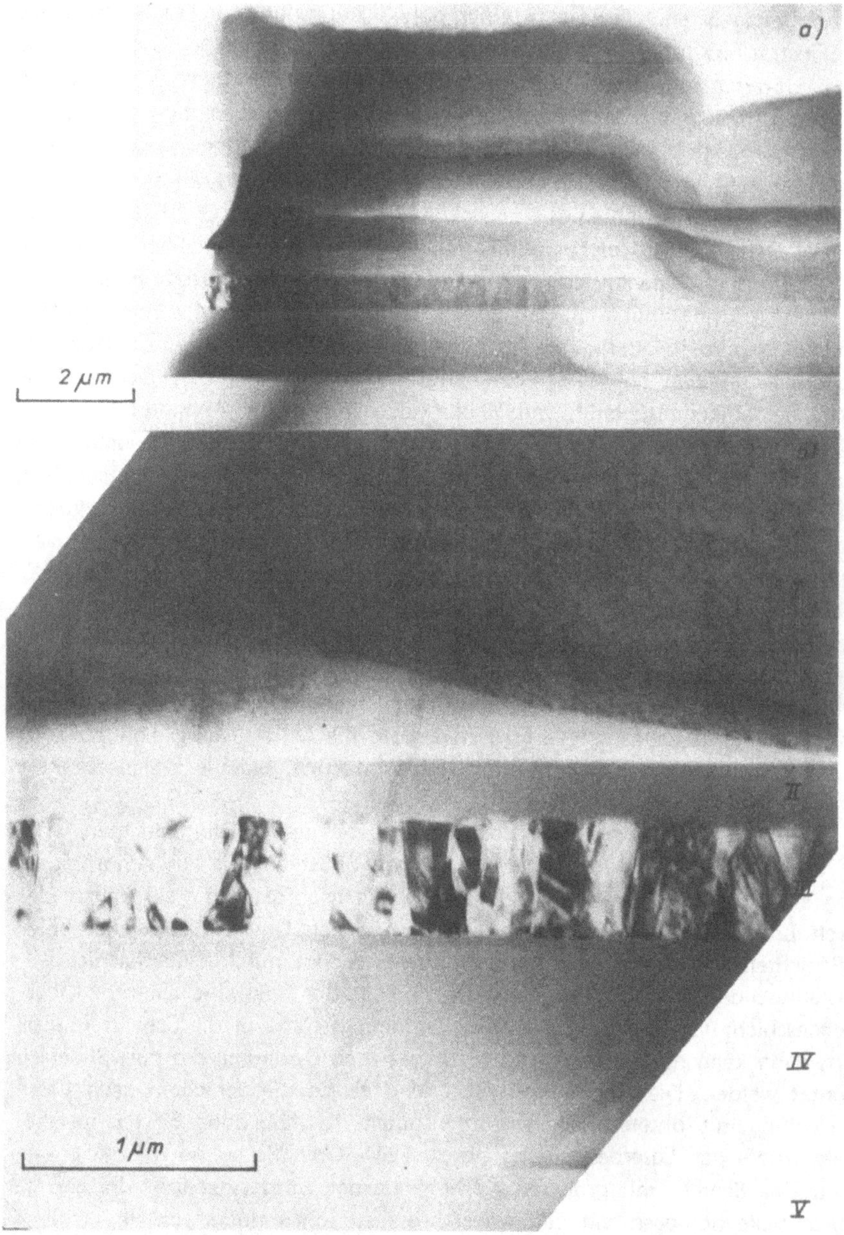

Abb. 3. Querschnittsabbildung einer Mehrschichtanordnung (Al/SiO_2/poly-Si/c-Si)
a) Teilabbildung der Schichtanordnung
b) Schichtfolge (Ausschnittsvergrößerung):
I – Al-Leiterbahn, II, IV – SiO_2-Schichten, III – poly-Si-Schicht, V – c-Si-Substrat

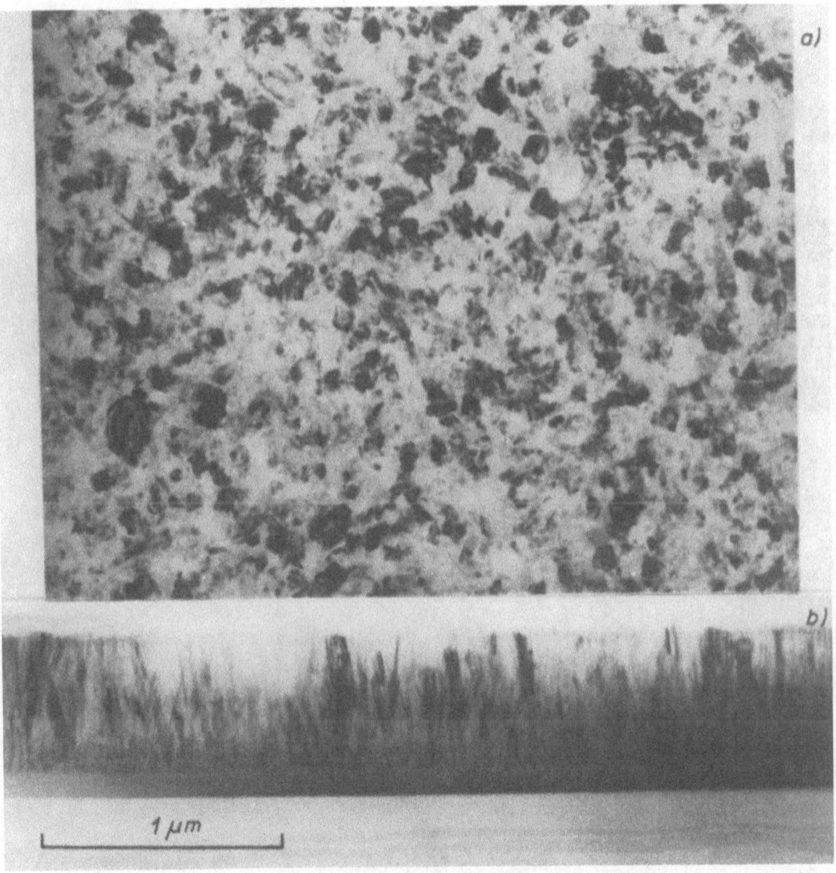

Abb. 4. Hellfeldabbildungen einer poly-Siliciumschicht auf einer SiO_2-Schicht
a) laterale Abbildung, b) Querschnittsabbildung

sind somit nur in die oberflächennahe Schicht eingebaut worden. Als Beispiel für die Anwendung solcher polykristalliner Schichten in der Mikroelektronik ist in Abbildung 6 das Schichtsystem einer Doppel-poly-Si-Anordnung gezeigt.

Über dem Si-Substrat sind die SiO_2-Schicht, die Doppel-poly-Si-Schicht und die Al-Leiterbahn zu erkennen. Aus der Querschnittsabbildung wird deutlich, daß an den Spitzen und Kanten der unteren poly-Si-Schicht eine Querschnittsverminderung der SiO_2-Schicht zu verzeichnen ist und daß dort zusätzlich Feldüberhöhungen hervorgerufen werden können. Beide Effekte bewirken erhöhte Leckströme, die den Bauelementeeigenschaften abträglich sind. Die vorliegenden Untersuchungen solcher Bauelemente bzw. die Analyse von Teilschritten ihrer Herstellung haben gezeigt, daß die Charakterisierung der poly-

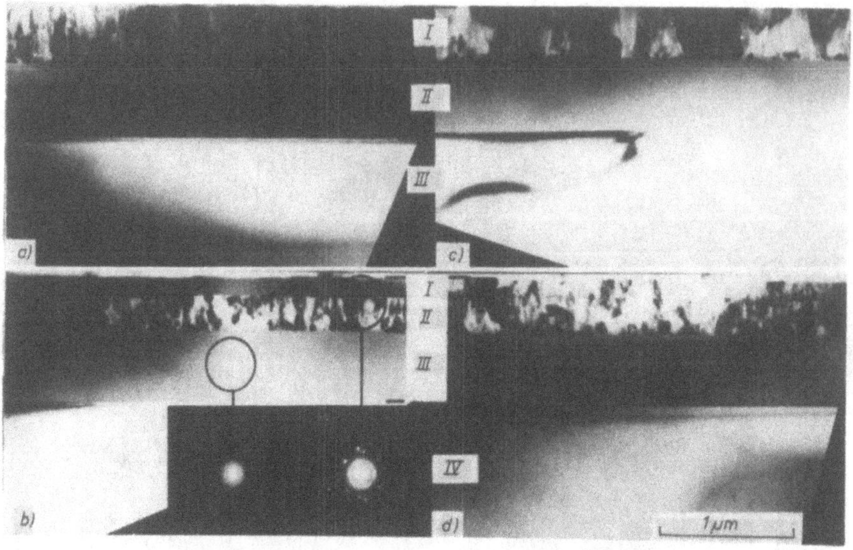

Abb. 5. Glättung von poly-Si-Schichten auf SiO_2 durch Ionenimplantation und nachfolgende Laserbestrahlung
a) Ausgangszustand,
b) „as implanted" Zustand,
c) und d) laserausgeheilte Schichten;
a), c) I – poly-Si-Schicht, II – SiO_2-Schicht, III – c-Si-Schicht
b) I – amorphisierte implantierte Schicht, II – Rest-poly-Si-Schicht, III – SiO_2-Schicht, IV – c-Si-Substrat
d) I – rekristallisierte implantierte Si-Schicht, sonst wie b)

Si-Schichten sowie die Verbesserung ihrer Herstellungstechnologie, z. B. deren Glättung, mit zunehmender Miniaturisierung auf die Querschnittsabbildungstechnik im TEM angewiesen ist.

Ein weiteres Gebiet der Bauelementeentwicklung ist das Testen neuer oder die Weiterentwicklung bewährter Herstellungstechnologien. Die Einführung der Ionenimplantation in der Mikroelektronik, besonders für die Entwicklung flacher pn-Übergänge, erfordert die Charakterisierung der Strahlenschädigung (evtl. Amorphisierung) direkt nach der Ionenimplantation sowie der Restdefekte und ihrer horizontalen und vertikalen Verteilung in implantierten Gebieten nach technologisch notwendigen Ausheilschritten. Abbildung 7 illustriert dies deutlich am Beispiel der Implantation von Arsen-Ionen durch eine Oxidmaske in ausgewählte Bereiche (Gräben) einer Teststruktur. Die Struktur hat folgende Abmessungen: Grabenbreite: 3 . . . 10 µm, Grabentiefe etwa 400 nm, Oxidschichtdicke: 200 nm. Die Implantations- und Aus-

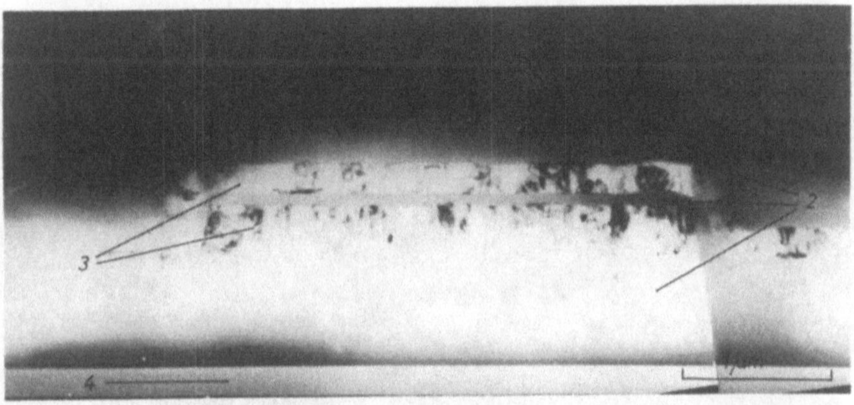

Abb. 6. Schichtsystem mit Doppel-poly-Si-Anordnung (TEM-Querschnittsabbildung): 1 – Metallkontakt, 2 – SiO_2-Schichten, 3 – poly-Si-Schichten, 4 – c-Si-Substrat

heildaten waren: $E = 100$ keV, $D = 5 \cdot 10^{15}$ cm^{-2}, T_i = RT, $T_a = 1270$ K, $t_a = 30$ min in N_2-Atmosphäre, wobei E die Ionenenergie, D die Ionendosis, T_i die Implantationstemperatur, T_a die Ausheiltemperatur und t_a die Ausheilzeit sind. Abbildung 7a zeigt die Restdefekte nach thermischer Ausheilung des Implantationsstrahlenschadens in lateraler Abbildung. Im Grabenbereich sind Versetzungsschleifen und Versetzungssegmente vollständiger Versetzungen zu erkennen, die sich parallel zu den beiden oberflächenparallelen ⟨110⟩-Richtungen erstrecken. Die Aufnahme wurde mit einem ⟨220⟩-Reflex gewonnen; deshalb ist der Kontrast derjenigen Schar der Versetzungen, die parallel zur Grabenkante liegt, ausgelöscht. Aus der lateralen Abbildung ist weiterhin zu entnehmen, daß einige Versetzungen über die Grabenkante hinausragen. Die Querschnittsabbildung (Abb. 7b) enthält die Versetzungsanordnung in ihrer vertikalen Ausdehnung. Die langgestreckten Versetzungssegmente erweisen sich als Halbschleifen, die jeweils an der Oberfläche anfangen und enden. Die maximale Reichweite der Versetzungsstruktur in die Tiefe beträgt etwa 280 nm. An den Grabenufern bilden sich Halbschleifen, die an der Oberfläche innerhalb des Grabens beginnen und bis zur Oberfläche außerhalb des Grabens reichen. Bei der Ionenimplantation durch Oxidmasken müssen solche Versetzungsverteilungen berücksichtigt werden, da Wechselwirkungen

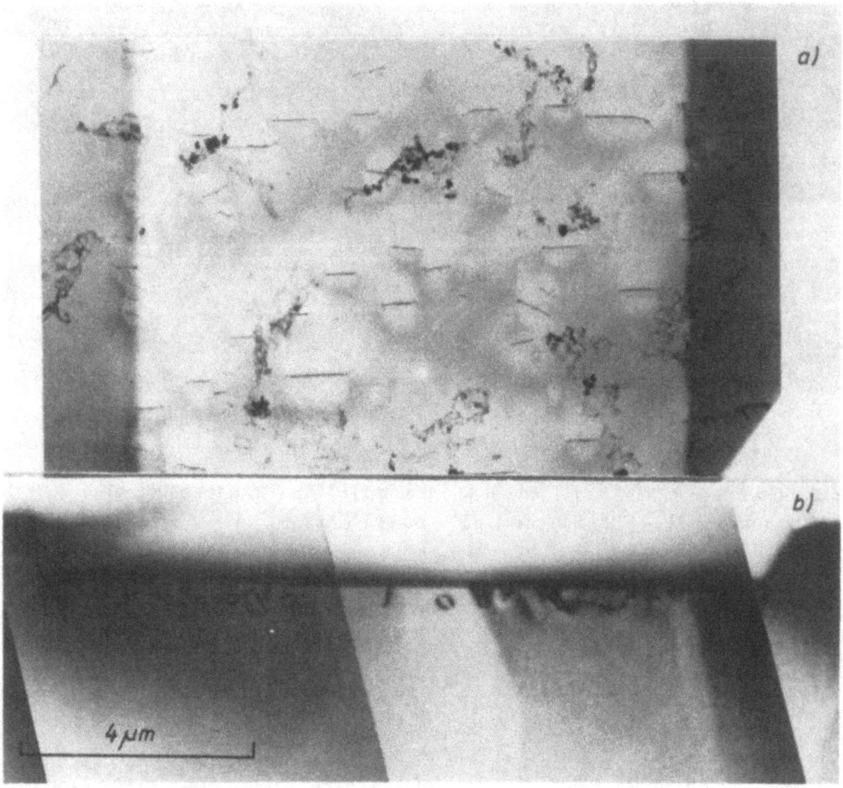

Abb. 7. Versetzungsanordnung nach As-Ionenimplantation in eine Teststruktur (Oxidmasken) und nachfolgender thermischer Ausheilung
a) laterale Abbildung eines Grabenbereiches (Hellfeld)
b) Querschnittsabbildung (Hellfeld)

der Restdefekte mit dem zu erzielenden lateralen pn-Übergang nicht auszuschließen sind.

Als letztes Beispiel für die Querschnittsabbildung von strukturierten, ionenimplantierten Schichten wird in Abbildung 8 ein durch Ionenimplantation erzeugter Emitterbereich gezeigt. Abbildung 8a enthält eine Hälfte des symmetrisch aufgebauten Gebietes in niedriger Vergrößerung. Die thermisch ausgeheilte ionenimplantierte Schicht ist durch ihre hohe Dichte an Versetzungsschleifen deutlich erkennbar. Eine Ausschnittsvergrößerung b) bildet die Anordnung von Restdefekten (nahezu kreisförmige Versetzungsschleifen) in der implantierten Schicht ab sowie langgestreckte Versetzungen in größerer Tiefe und prozeßinduzierte Stapelfehler, die sich, von der SiO_2/Si-Grenzfläche ausgehend, in das einkristalline Siliciumsubstrat erstrecken.

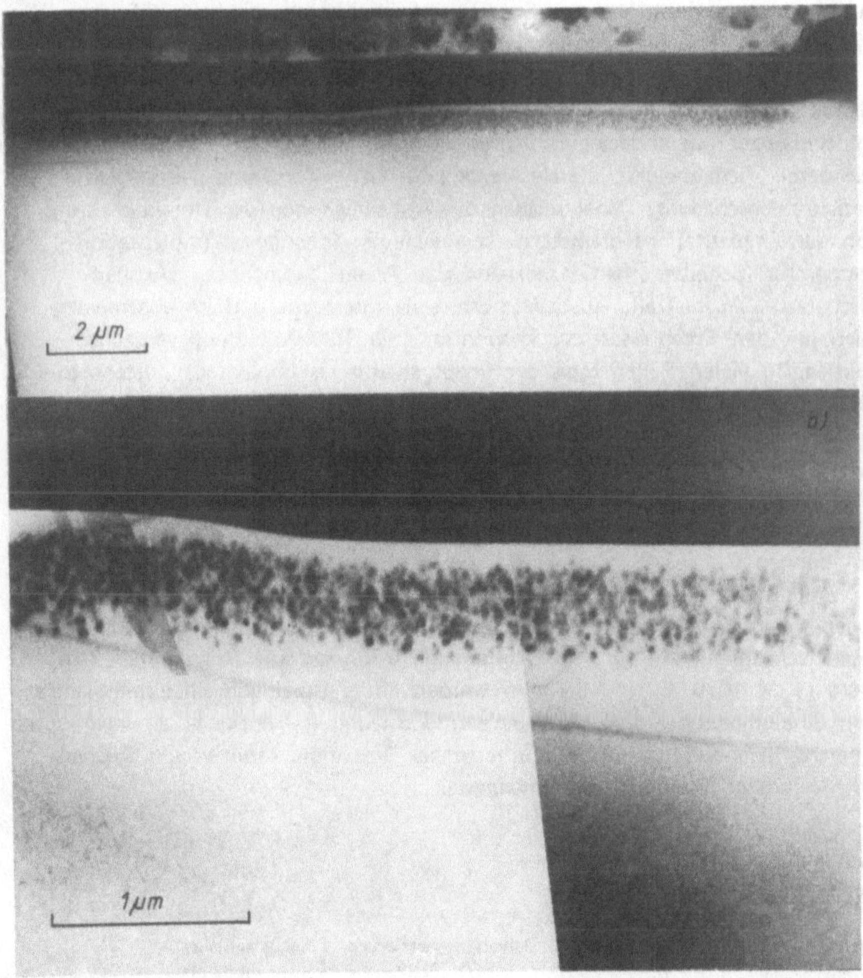

Abb. 8. Querschnittsabbildung eines ionenimplantierten Emittergebietes
a) eine Hälfte des symmetrisch aufgebauten Bereiches
b) Ausschnittsvergrößerung mit Versetzungsschleifen, Versetzungslinien und Stapelfehlern im implantierten Bereich (Hellfeld)

2.3. Untersuchung an ionenimplantierten Siliciumschichten

Neben der Abbildung von Bauelementestrukturen und heteroepitaktischen Schichten (s. Kapitel 3) stehen heute vor allem die Aufklärung der Grenzflächenstruktur des Systems Si/SiO_2 [27, 43–47] (s. auch Kapitel 4), die Silicidbildung [48–52] und das weite Gebiet der Ionenimplantation in Halbleitermaterialien im

Mittelpunkt des Interesses der Strukturuntersuchungen, die mit Hilfe der TEM-Querschnittsabbildungstechnik möglich sind.

An querschnittspräparierten Halbleitermaterialien interessiert nach der Implantation energiereicher Ionen hauptsächlich das Rekristallisationsverhalten amorphisierter implantierter Schichten und die Bildung von Restdefekten sowie deren vertikale und laterale Verteilung nach Ausheilung des Implantationsstrahlenschadens. Dabei müssen die Abhängigkeiten der Defektstruktur von den Implantationsparametern (Ionenenergie, Ionendosis, Implantationstemperatur, Scheibenorientierung) und den Ausheilbedingungen (Ausheiltemperatur, Ausheilzeit, Ausheilatmosphäre) untersucht und im allgemeinen auch mit den Ergebnissen der konventionellen TEM-Abbildung verglichen werden. In vielen Fällen muß der unausgeheilte (as implanted) Zustand zusätzlich untersucht werden, um Rückschlüsse auf Ausheilprozesse, wie Defektnukleation, epitaktische oder nichtepitaktische Rekristallisation, ziehen zu können. Es ist z. B. von Interesse, ob nach der Implantation ein amorpher Bereich als Oberflächenschicht oder als vergrabene Schicht vorliegt, da im letzteren Falle zwei Grenzflächen das Rekristallisationsverhalten beeinflussen können.

Einige wichtige Phänomene der Ausheilung bzw. der Rekristallisation ionenimplantierter Siliciumschichten bei Temperaturbehandlung im Ofen und ohne wesentlichen Einfluß der Volumendiffusion auf die ablaufenden Prozesse ($T_a \leqslant 1070$ K, $t_a \leqslant 30$ min) werden am Beispiel von siliciumimplantiertem Siliciummaterial diskutiert. Es wurde sowohl konventionell als auch durch Querschnittsabbildung im TEM untersucht. Die Implantations- und Ausheildaten sind in Tabelle 1 zusammengestellt.

Tabelle 1
Implantations- und Ausheilparameter

Ionendosis cm^{-2}	Ausheiltemperatur K	Scheibenorientierung	Ausheildauer min
$5 \cdot 10^{14}$	770		
$1 \cdot 10^{15}$	920	⟨111⟩	30
$5 \cdot 10^{15}$	970		
$1 \cdot 10^{16}$	1020		
	1170		
	1270		

In Abbildung 9 wird der ausgeheilte Zustand in der Querschnittsabbildung mit den zugehörigen lateralen Abbildungen verglichen, während in Abbildung 10 der unausgeheilte Zustand dem ausgeheilten Zustand gegenübergestellt ist. Bis

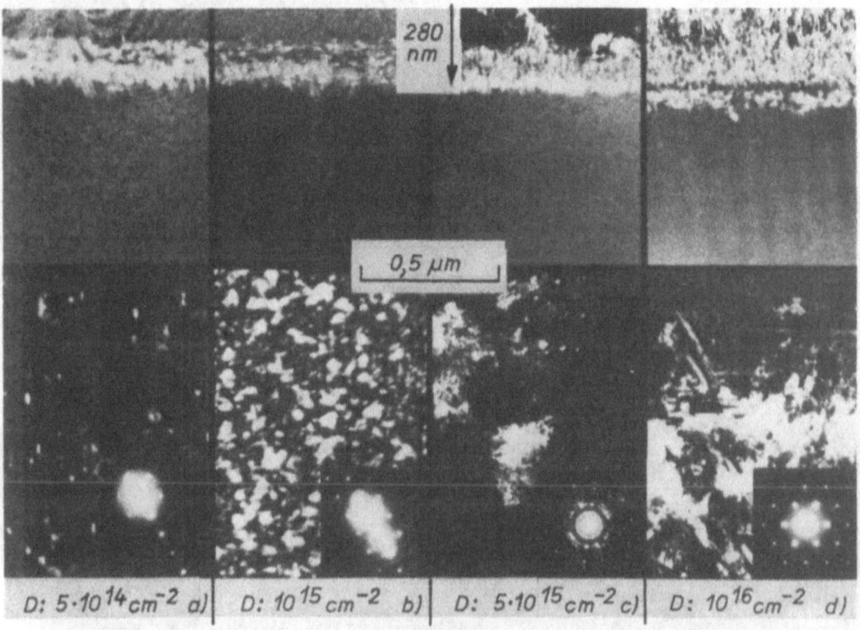

Abb. 9. Vergleich von Querschnittsabbildungen (oben) mit Normalabbildungen (unten) nach Implantation von Siliciumionen in Silicium und nachfolgender thermischer Ausheilung

zu einer Ionendosis von $1 \cdot 10^{15}$ cm^{-2} (Abb. 10a und c) bildet sich während der Implantation ein stark gestörter vergrabener Bereich, d. h. eine Schicht in der Tiefe des Siliciumeinkristalls, die zwar an beiden Grenzflächen von einkristallinem Material begrenzt, jedoch nicht vollständig amorphisiert ist. Eine partielle Amorphisierung ist allerdings bei einer Ionendosis von $1 \cdot 10^{15}$ cm^{-2} durch Feinbereichsbeugung nachweisbar. Bei weiterer Dosiserhöhung (Abb. 10e) verbreitert sich die gestörte Schicht bis zur Oberfläche und wird im TEM als vollständig amorph registriert. Auch in Oberflächennähe sind keine kristallinen Anteile mehr nachweisbar. Eine weitere Dosiserhöhung ($1 \cdot 10^{16}$ cm^{-2}) führt zu einer nahezu identischen Anordnung, lediglich der stark gestörte Grenzbereich zum Substrat wird geringfügig schmaler (Abb. 10g). Für die Rekristallisation der amorphen Schicht ist es wesentlich, daß nach der Implantation keine ebene Grenzfläche zum Substrat vorliegt, sondern ein stark gestörter Übergangsbereich von der einkristallinen zur amorphen Phase [53–62]. Dies hat bei der epitaktischen Rekristallisation die Konsequenz, daß im allgemeinen eine defektfreie Schicht mit den angegebenen Ausheilparametern nicht erreichbar ist. Vor allem bei der hier gegebenen ⟨111⟩-Orientierung ist die

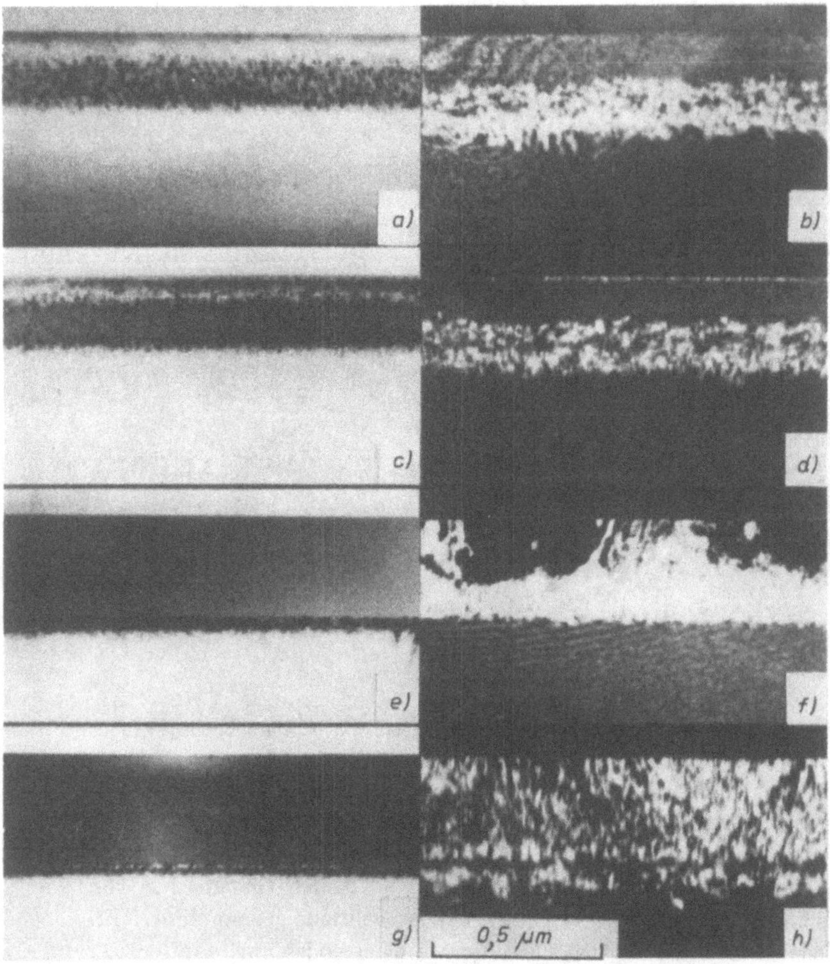

Abb. 10. Vergleich von Querschnittsabbildungen des unausgeheilten (links) und des thermisch ausgeheilten Zustandes einer siliciumimplantierten Siliciumschicht (Dosiswerte s. Abb. 9)

Rekristallisation über einen Zwillingsbildungsmechanismus bevorzugt, was zu einer hohen Dichte an Mikrozwillingslamellen führt. Mit Abbildung 9 wird dies in einer Gegenüberstellung von Querschnitts- und lateralen Abbildungen des ausgeheilten Zustandes vorgeführt. Die gestörten vergrabenen Schichten ($D_1 = 5 \cdot 10^{14}$ cm^{-2}, $D_2 = 1 \cdot 10^{15}$ cm^{-2}) heilen unter Bildung von Versetzungsstrukturen aus, bestehend aus FRANKschen Partialversetzungsschleifen und vollständigen Versetzungsschleifen mit einer Versetzungsdichte

(ρ_1 = 8,5 · 10^9 cm^{-2} – bezogen auf D_1, ρ_2 = 1,2 · 10^{10} cm^{-2} – bezogen auf D_2), die von der Ionendosis abhängt (Abb. 9a, b). Die Querschnittsabbildung offenbart deutlich zwei Defektebenen in unterschiedlichen Tiefen. Der Vergleich mit dem unausgeheilten Zustand (Abb. 10) zeigt, daß die obere Defektebene etwa in der Tiefe der projizierten Reichweite (R_p) der eingeschossenen Ionen liegt, während das zweite Defektniveau sich unterhalb des nach der Implantation bestehenden Grenzbereiches zum Substrat befindet. Dieses Verhalten, das bei implantierten Schichten allgemein beobachtet wird, ist so zu interpretieren, daß bei der Ausheilung der Störungen im Grenzbereich zum Substrat Versetzungen gebildet werden, die z. T. in das einkristalline Substrat emittiert werden. Am Ort der höchsten Konzentration der eingeschossenen Ionen bzw. der höchsten Konzentration an Zwischengitteratomen bildet sich dann die obere Ebene der Restdefekte. In den der Oberfläche am nächsten liegenden Bereichen nimmt die Versetzungsdichte offenbar durch Wechselwirkung mit der Oberfläche ab (Ausgleiten von Versetzungen, Reaktion mit Leerstellen).

Die Rekristallisationsmechanismen der amorphisierten Schichten unterscheiden sich bei den hier angewendeten Ionendosen: Nach Implantation von D_3 = 5 · 10^{15} cm^{-2} bildet sich während der nachfolgenden Ausheilung eine polykristalline Schicht (Abb. 9c). Bei noch stärkerer Störung (D_4 = 1 · 10^{16} cm^{-2}) entsteht eine einkristalline Schicht mit einer hohen Dichte an Mikrozwillingslamellen (Abb. 9d). In-situ Experimente im Höchstspannungselektronenmikroskop (HEM) zur Ausheilung dieser Schichten zeigen, daß die Polykristallbildung schon nach kurzer Zeit (einigen Sekunden) und bei relativ niedrigen Temperaturen (etwa 850 K) in Oberflächennähe beginnt. Die Querschnittsabbildungen lassen erkennen, daß die epitaktische Rekristallisation nur bis etwa zur Hälfte der Schichtdicke abgelaufen ist und dort von der polykristallinen Schicht unterbrochen wurde (Abb. 9c). Bei der Ausheilung nach Implantation mit der höchsten Dosis ist während des in-situ Experiments nur die epitaktische Rekristallisation zu beobachten, die langsamer abläuft, als die Polykristallbildung. Eine Erklärung für das unterschiedliche Verhalten scheint darin zu liegen, daß sich die vergrabene amorphe Schicht mit zunehmender Ionendosis zur Oberfläche hin verbreitert [63]. Bei der niedrigeren Dosis (D_3 = 5 · 10^{15} cm^{-2}) verbleiben in Oberflächennähe offenbar noch ausreichend große Kristallisationskeime, an denen polykristallines Wachstum starten kann. Diese Keime sind in ihrer Dichte gering (weniger als 10^{13} cm^{-3}) und offenbar auch zu klein, um in der Querschnittsabbildung im HEM nachweisbar zu sein. Durch Dosiserhöhung (auch bei Protonennachbestrahlung) wird die Schicht bis zur Oberfläche hin homogen amorphisiert, so daß während der thermischen Ausheilung kein Konkurrenzprozeß zur epitaktischen Rekristallisation mehr abläuft.

Bei der Rekristallisation werden Mikrozwillingslamellen eingebaut, die an der Grenzfläche zum Substrat entstehen und deren Dichte zur Oberfläche hin leicht abnimmt. Der stark gestörte Grenzbereich heilt ebenfalls aus, und so wird hier wiederum eine zweite Defektebene gebildet, bestehend aus Versetzungsstrukturen.

Die Ergebnisse der Siliciumimplantation in Silicium lassen die folgenden, auch für andere ionenimplantierte Schichten zutreffenden Verallgemeinerungen zu, die nur mit der Querschnittsabbildungstechnik gewonnen werden können:

1. Bei der Implantation unterhalb der Amorphisierungsgrenze bilden sich in der Regel zwei vertikal getrennte Defektebenen, eine hervorgerufen durch den maximalen Strahlenschaden (bei R_p), die andere infolge der Ausheilung des gestörten Grenzbereiches zum einkristallinen Substrat. Letztere besteht aus Versetzungen, die in das Substrat emittiert werden und deren Tiefenreichweite von den Implantations- und Ausheilbedingungen abhängt.
2. Diese Defektanordnung verändert sich, sobald die Volumendiffusion während der Ausheilung prozeßbestimmend wird ($T_a > 1200$ K, $t_a > 30$ min).
3. Die Rekristallisation amorphisierter Schichten kann durch verbliebene Restkeime in der amorphen Schicht zu einem polykristallinen Wachstum führen.
4. Der stark gestörte Grenzbereich zum einkristallinen Substrat (Rauhigkeiten der Grenzfläche, Struktur des Übergangsbereiches, Fremdatomsegregation etc.) verhindert im allgemeinen eine defektfreie epitaktische Rekristallisation.
5. Eine nahezu defektfreie epitaktische Rekristallisation ist erreichbar, wenn der gestörte Grenzbereich vor dem Beginn des Rekristallisationsvorganges weitgehend ausgeheilt ist (evtl. Vortemperung bei $T_a < 820$ K [64]) oder wenn die Schicht mit einem Laserstrahl bis in das einkristalline Substrat aufgeschmolzen wird [65–70] und danach rekristallisiert.

Eine Anwendung der Laserausheilung zur Erzielung einer epitaktisch rekristallisierten defektfreien Schicht führt, wie im folgenden gezeigt wird, zu dem gewünschten Ergebnis. Siliciumscheiben (⟨111⟩- und ⟨100⟩-orientiert) wurden für die Laserausheilexperimente folgendermaßen vorbehandelt:

Implantation: Borionen, $E = 60$ keV, $D = 2 \cdot 10^{15}$ cm^{-2}, $T_i = 77$ K.
Ausheilung: Nd:YAG-Pulslaser, $\tau = 100$ ns, $\lambda = 1{,}06$ μm.

Die Ergebnisse der Experimente sind in [65–67, 69–72] zusammengefaßt. Hier sei nur der Vergleich der Querschnitts-TEM-Abbildungen des unausgeheilten (Abb. 11) und des laserbestrahlten Zustandes der implantierten Schicht gezeigt. Nach der Implantation existiert eine vergrabene amorphe Schicht, die nach beiden Seiten von stark gestörten Grenzschichten berandet ist. Die Querschnittsabbildung des Randbereiches des Laserfleckes (Abb. 11a) und der dargestellte schematische Verlauf der Schmelzfront in der Tiefe während des Laserpulses (Abb. 11d) verdeutlichen, daß erst durch das Auf-

Abb. 11. Defektstruktur im Randbereich eines Laserflecks nach Borimplantation und Pulslaserausheilung
a) Querschnittsabbildung
b) laterale Abbildung
c) vergrabene amorphe Schicht im unausgeheilten Zustand (alle Abb. Dunkelfeld)
d) schematische Darstellung des Verlaufes der Schmelzfront (gestrichelte Linie) im Vergleich zur Schichtanordnung des unausgeheilten Zustandes
I – gestörte Oberflächenschicht, II – amorphe Schicht, III – gestörte Übergangsschicht, IV – einkristallines Substrat

schmelzen bis in das ungestörte Substrat hinein eine defektfreie Rekristallisation möglich wird. Erreicht die Schmelzfront lediglich den stark gestörten Grenzbereich (III), dann entstehen Versetzungsstrukturen, Stapelfehler und Mikrozwillinge; erreicht sie nur die amorphe Schicht (II), dann bilden sich polykristalline Schichten. Durch die Abnahme der Laserintensität im Randbereich des Laserflecks sind alle diese Bereiche in der TEM-Querschnittsabbildung nebeneinander zu beobachten. Homogenitätsschwankungen der Intensität über den Laserfleck (z. B. durch Interferenzerscheinungen) bewirken Schwankungen in der Schmelztiefe, die eine lateral inhomogene Defektanordnung hervorrufen. Die Querschnittsabbildung solcher inhomogen ausgeheilten Schichten geben sowohl die Schwankungen der Schmelztiefe wieder als auch die Entstehung von Oberflächenerhebungen (surface ripples) während der Erstarrung des flüssigen Materials.

Abbildung 11a und b umfaßt denselben Bereich des Laserflecks, einmal als Querschnittsabbildung und zum anderen in einer normalen lateralen Abbildung, die die Versetzungsanordnungen im Randbereich des Laserflecks zeigt.

Ein weiteres, bei der Laserbestrahlung von amorphen Halbleiterschichten auftretendes Phänomen ist die explosive Kristallisation [71–73], die durch lokale Erhitzung in der amorphen Schicht infolge der Laserbestrahlung ausgelöst wird und sich durch eine sich lateral fortbewegende Rekristallisationsfront schnell über die Schicht ausbreitet ($v \approx 16\ ms^{-1}$). Abbildung 12 führt das Beispiel einer ionenimplantierten Siliciumschicht nach Explosivrekristallisation als Querschnittsabbildung vor. Im linken Teilbild ist wieder die für eine ionenimplantierte Schicht nach Ausheilung charakteristische unebene, unvollständig ausgeheilte Grenzschicht zu erkennen, die dazu führt, daß die darüberliegende implantierte Schicht nicht defektfrei epitaktisch rekristallisieren kann. Dies ist im rechten Teilbild daran erkennbar, daß nur durch den Ein-

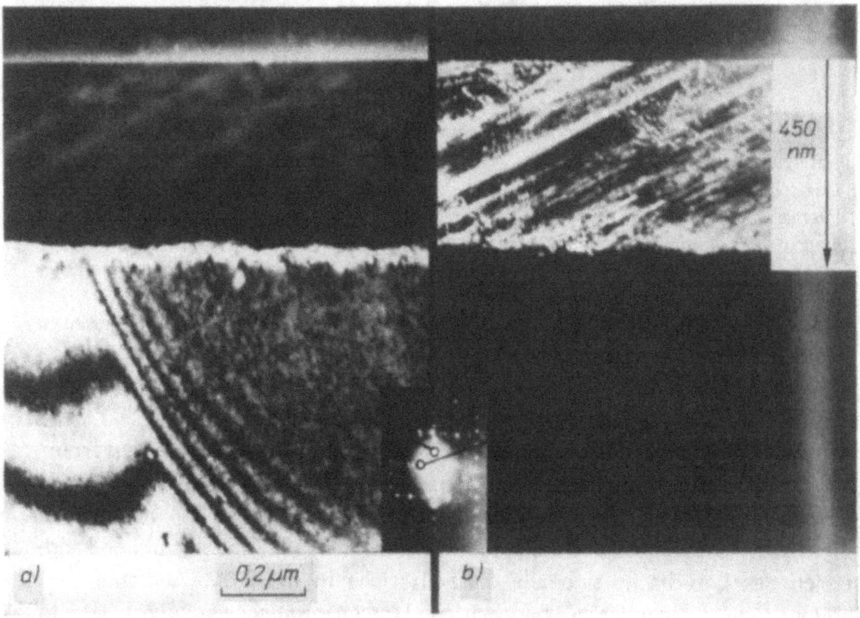

Abb. 12. Phosphorionenimplantierte Siliciumschicht nach Explosivrekristallisation
a) Dunkelfeldabbildung mit Substratreflex
b) Dunkelfeldabbildung mit Zwillingsreflex

bau von Zwillingslamellen hoher Dichte mittels Einfach- oder Mehrfachverzwillingung eine über einen größeren Bereich gerichtete Anpassung an das Substrat bei dem schnell ablaufenden Prozeß der Explosivrekristallisation möglich wird. Unter geringfügig geänderten Bedingungen des Explosivprozesses (Überhitzung oder Unterkühlung an der Phasenfront) ändert sich auch die Struktur dieser Übergangszone zum Substrat und bewirkt die Bildung einer polykristallinen Schicht, deren Kristallitgröße von den Prozeßbedingungen abhängt.

Untersuchungen zur Explosivkristallisation amorpher Halbleiterschichten werden jedoch nicht nur an durch Ionenimplantation amorphisierten Schichten auf einkristallinem Substrat angestellt. Die Bedingungen des Explosivprozesses werden vorwiegend an amorphen Siliciumaufdampfschichten auf isolierendem Substrat (amorphe SiO_2-Schichten) studiert, da die Beherrschung des Prozesses den Aufbau dreidimensionaler MOS-Bauelemente ermöglicht. In Abbildung 13 sind explosiv rekristallisierte Siliciumschichten auf SiO_2 und auf einkristalliner Siliciumunterlage in TEM-Querschnittsabbildungen dargestellt. Die amorphen Siliciumschichten sind nachfolgend mit As-Ionen implantiert worden ($E = 100$ keV, $D = 10^{16}$ cm^{-2}, T_i = RT), damit der Einfluß von Dotierungsatomen auf den Kristallisationsprozeß untersucht werden kann. In Abhängigkeit von den Laserbestrahlungsbedingungen verläuft die Explosivkristallisation in der implantierten Schicht anders als in der nichtimplantierten, was auf eine zusätzliche Keimbildung in der ionenimplantierten Schicht schließen läßt. In der TEM-Querschnittsabbildung zeigt sich dies als Doppelschichtstruktur (1. und 3. Teilbild in Abb. 13). Unter anderen lokalen thermischen Bedingungen wird die gesamte Schicht vom Kristallisationsprozeß erfaßt und eine einheitliche Schicht gebildet, wobei die Kornstruktur in Abhängigkeit von den Laserparametern variiert (2. und 4. Teilbild in Abb. 13).

Ein weiterer Anwendungsbereich der Ionenimplantation, der die Querschnittsabbildung zur Charakterisierung des Schichtaufbaus und der Schichtstruktur unbedingt erfordert, wird durch die Materialsynthese mittels Hochdosisimplantation eröffnet. Hierbei werden in Halbleiterwerkstoffen mit Ionendosen oberhalb 10^{17} cm^{-2} vor allem isolierende Schichten (Oxide, Nitride) erzeugt. Werden z. B. Sauerstoff- oder Stickstoffionen mit hohen Ionendosen in Siliciumeinkristalle implantiert, dann entstehen im Maximum der Reichweiteverteilung der eingeschossenen Ionen stöchiometrisch zusammengesetzte Siliciumdioxid- bzw. -nitridschichten, deren Isolatoreigenschaften eine spezielle SOI-Technologie (SOI – „silicon on insulator") durch Ionenimplantation ermöglichen [74–80]. Voraussetzung für die Erzielung der maximalen Isolationsfähigkeit der implantierten Schichten ist die Erhaltung der amorphen Phase, da kristalline Siliciumoxide bzw. -nitride eine höhere Leitfähigkeit als amorphe haben. Durch entsprechende Wahl der Ionenenergie der Implantation können mit dem Verfahren sowohl Oberflächenschichten als auch vergrabene Schichten erzeugt werden, d. h. Isolatorschichten, die in der Tiefe

Abb. 13. Explosiv kristallisierte Siliciumschichten auf SiO_2 nach Arsenionenimplantation (Hellfeld)
I – kristallisierte Si-Schicht, II – amorphe SiO_2-Schicht, III – einkristallines Si-Substrat

des kristallinen Siliciums unter einer einkristallinen Siliciumdeckschicht entstehen (s. Abb. 16).

Gerade die Querschnittsabbildungstechnik ist vorzüglich zur Charakterisierung solcher Schichtsysteme geeignet. In Abbildung 14 ist eine mit Sauerstoffionen ($E = 30$ keV, $D = 10^{18}$ cm^{-2}, T_i = RT, $T_a = 1270$ K, $t_a = 2$ h) implantierte Oberflächenschicht wiedergegeben. Teilbild a) zeigt eine laterale Abbildung (Dunkelfeld – DF) und Teilbild b) eine Querschnittsabbildung (Hellfeld – HF). Die normale laterale Abbildung läßt ein stark mit Verunreinigungen dekoriertes Versetzungsnetzwerk und zusätzlich kleine, punktförmige helle Kontraste in den Bereichen zwischen den Versetzungslinien erkennen, die mit Hilfe der Elektronenbeugung als kleine Kristallite (laterale Abmessungen kleiner als 20 nm) identifiziert werden konnten. Eine Entscheidung darüber, ob eine amorphe SiO_2-Oberflächenschicht existiert, ob sie kristalline Anteile enthält und welche Schichtdicke sie hat, konnte durch diese Abbildung nicht getroffen werden. Stereoskopische Methoden sind für solche Schichtdicken zu ungenau, um eine Darstellung der Schichtanordnung zweifelsfrei zu ermöglichen.

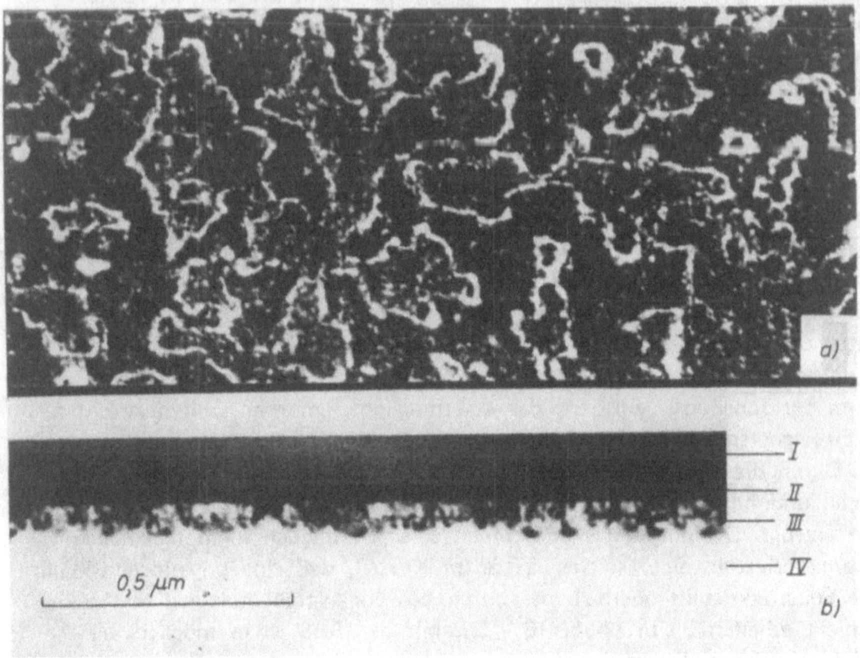

Abb. 14. Ionenimplantierte SiO_2-Schicht auf Si-Substrat
a) Versetzungsnetzwerk (Dunkelfeldnormalabbildung)
b) Hellfeldquerschnittsabbildung
I – amorphe SiO_2-Schicht, II – polykristalline SiO_x-Schicht, III – Versetzungsnetzwerk, IV – einkristallines Si-Substrat

Der Querschnitt (Abb. 14b) zeigt die Schichtfolge nach Implantation und thermischer Ausheilung. Mit Hilfe der Feinbereichsbeugung war es möglich nachzuweisen, daß die Oberflächenschicht (I) in einer Dicke von 90 nm amorph ist. Darunter befindet sich eine etwa 30 nm dicke polykristalline SiO_x-Schicht (II) unter der das Siliciumsubstrat beginnt. Etwa 30 nm unter der polykristallin/einkristallinen Phasengrenze dehnt sich äquidistant ein ebenes Versetzungsnetzwerk (III) aus, das durch die Dekoration mit SiO_x-Ausscheidungen einen verstärkten Spannungskontrast zeigt. Unter dem Versetzungsnetzwerk ist das Siliciumsubstrat defektfrei (IV).

Ähnliche Ergebnisse sind bei der Implantation von Stickstoffionen in Silicium zu verzeichnen ($E = 20$ keV, T_i = RT, $T_a = 1270$ K, $t_a = 15$ h). Abbildung 15 illustriert den Einfluß der Ionendosis auf die Bildung einer stöchiometrisch zusammengesetzten amorphen Isolatorschicht bei konstant gehaltenen anderen Implantationsparametern. Teilbild a) entspricht der Oberflächenschicht nach Implantation von 10^{18} N^+/cm^2 in einer TEM-Querschnittsabbildung (Hellfeld). Diese Ionendosis ruft in der Oberflächenschicht eine überstöchiometrische Konzentration an Stickstoff hervor, die während der thermischen Ausheilung Gasblasen erzeugt und damit die Schicht zerstört (blistering). Abbildung 15b zeigt die Oberflächenschicht, implantiert mit den gleichen Parametern, aber mit einer Ionendosis von $3 \cdot 10^{17}$ cm^{-2}, wodurch eine stöchiometrisch zusammengesetzte amorphe Si_3N_4-Schicht gebildet wird, nachgewiesen mit Hilfe der RUTHERFORD-Rückstreuspektrometrie (RBS) [76, 77]. Der Abbildung ist zu entnehmen, daß die Reichweite der Kristalldefekte im Falle der ionenimplantierten Si_3N_4-Schicht in der Übergangsschicht zum einkristallinen Substrat geringer ist als bei der Sauerstoffimplantation. Wird die Ionendosis noch weiter erniedrigt (Abb. 15c), dann bildet sich in einem oberflächennahen Bereich eine polykristalline Si_xN_y-Phase, die die gewünschten guten Isolationseigenschaften nicht erreicht. Die TEM-Untersuchungsserie hatte zum Ergebnis, daß für die Herstellung von isolierenden Oberflächenschichten mittels Ionenimplantation für eine gewählte Ionenenergie ein Optimum der Ionendosis existiert, das es ermöglicht, amorphe Isolatorschichten mit geeigneten elektrischen Parametern zu erzeugen.

Durch die Implantation von Sauerstoff oder Stickstoff mit hohen Ionendosen und hohen Ionenenergien werden vergrabene SiO_2- bzw. Si_3N_4-Schichten erzeugt. Die eingeschossenen Ionen erfahren folglich ihren maximalen Energieverlust in einer solchen Tiefe im Kristall, daß eine ungestörte Schicht des Substratkristalls oberhalb der durch den Ionenstrahl maximal gestörten Schicht erhalten bleibt (Abb. 16 – I). Mit der RBS ist es möglich, die stöchiometrische Zusammensetzung vergrabener Isolatorschichten nachzuweisen. Wegen des durch die Implantation hervorgerufenen hohen Schädigungsgrades kann jedoch die genaue vertikale Schichtfolge, sowie die Struktur der Schicht weder mit RBS noch mit gewöhnlichen TEM-Abbildungsverfahren schlüssig

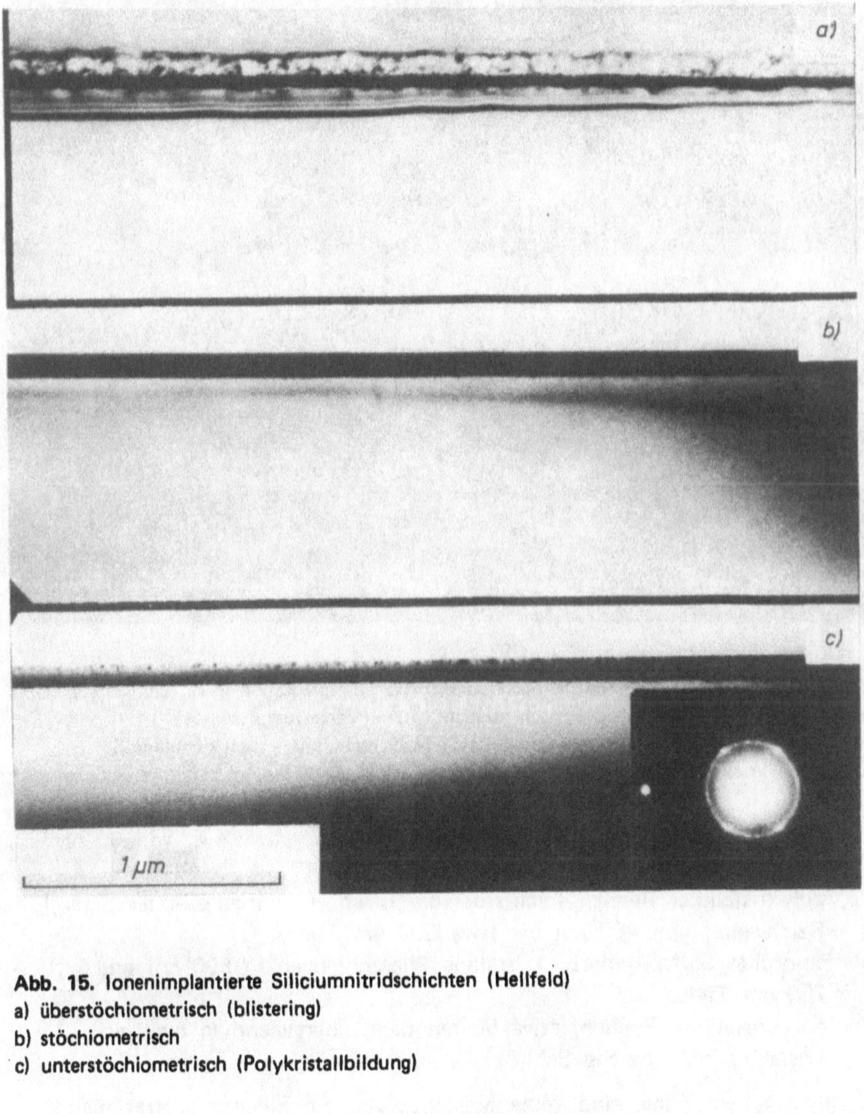

Abb. 15. Ionenimplantierte Siliciumnitridschichten (Hellfeld)
a) überstöchiometrisch (blistering)
b) stöchiometrisch
c) unterstöchiometrisch (Polykristallbildung)

aufgeklärt werden. Für die zweifelsfreie Schichtcharakterisierung macht sich auch hier die Anwendung der TEM-Querschnittsabbildung erforderlich. Nach der Implantation von Stickstoffionen ($E = 325$ keV, $D = 2 \cdot 10^{18}$ cm^{-2}, $T_a = 920$ K und 1270 K, $t_a = 1$ h und 15 h) entsteht unter einer nahezu ungestörten Oberflächenschicht I (etwa 50 nm dick) folgende Schichtanordnung:

II einkristalline Schicht mit Gitterdefekten (Versetzungsschleifen, Stapel-

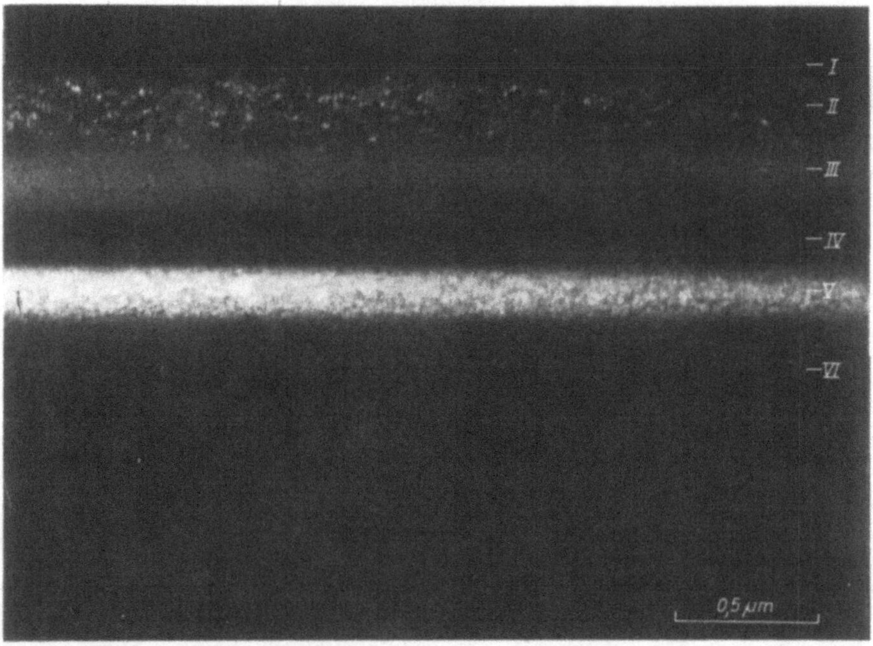

Abb. 16. Vergrabene Si_3N_4-Schicht nach Stickstoffionenimplantation in Si (Dunkelfeld) Schichtfolge: I – ungestörte Oberflächenschicht, II – Versetzungsstruktur, III – polykristalline Übergangsschicht, IV – amorphe Si_3N_4-Schicht, V – polykristalline Schicht, übergehend in einkristalline defektreiche Schicht, VI – einkristallines defektfreies Substrat

fehler), deren Dichte mit der Tiefe zunimmt; Reichweite: von 50 nm bis etwa 400 nm Tiefe,

III polykristalliner Bereich (nichtstöchiometrisch zusammengesetztes Si_xN_y); Reichweite: von 400 nm bis etwa 500 nm Tiefe,

IV amorphes Si_3N_4, amorph/kristalline Phasengrenzen in 500 nm und 780 nm Tiefe,

V polykristalliner Bereich, etwa 50 nm dick, übergehend in eine einkristalline defektreiche Schicht.

Ab etwa 1,1 µm Tiefe sind keine Kristalldefekte im Siliciumsubstrat mehr erkennbar. Mit der Feinbereichsbeugung kann nachgewiesen werden, daß die vergrabene Si_3N_4-Schicht als amorphe Phase vorliegt und daß diese ihre Struktur auch bei Hochtemperaturbehandlung nicht verliert. Dies erlaubt den Einsatz des Verfahrens in der Halbleiterbauelementeherstellung, da sich die Isolatorschicht in technologisch bedingten Hochtemperaturschritten nicht verändern darf. Meist sind jedoch Gitterdefekte hoher Dichte, zumindest im aktiven Bereich von Bauelementen, schädlich, so daß die in den angrenzenden

Siliciumschichten beobachteten Gitterdefekte in ihrer Dichte drastisch reduziert werden müssen. Abbildunq 17 demonstriert, daß die Defektkonzentration in einer Siliciumepitaxieschicht (aufgebracht im CVD-Verfahren) gegenüber der Defektkonzentration in der implantierten Schicht erheblich herabgesetzt wird. Nur einige Versetzungen wachsen beim Schichtwachstum bis zur endgültigen Oberfläche. Die Versetzungsdichte nimmt von mehr als 10^{10} cm^{-2} auf etwa 10^{9} cm^{-2} ab. Aus der TEM-Querschnittsabbildung (Abb. 17) wird außerdem deutlich, daß die Aufklärung der vertikalen Schichtfolge in einer TEM-Normalabbildung wegen der starken Kontrastüberlagerungen von Gitterdefekten und polykristallinen Schichten ausgeschlossen ist. Auch stereoskopische Abbildungen helfen nicht weiter, da es kaum möglich ist, angesichts der gegebenen hohen Defektdichte eine Koinzidenz der Kontraste beider Abbildungen eines Stereopaares zu erreichen.

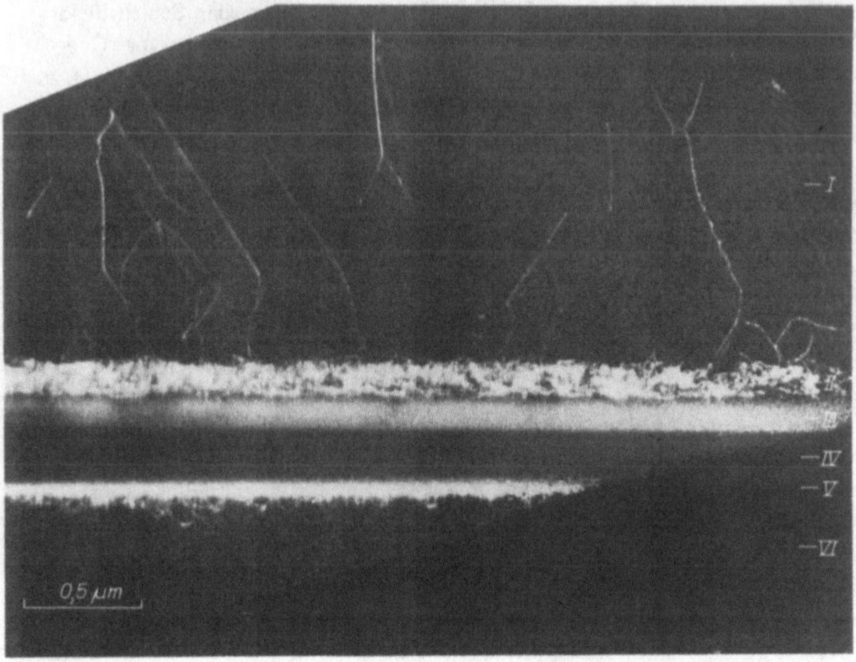

Abb. 17. Vergrabene Si_3N_4-Schicht mit nachfolgend aufgebrachter Siliciumepitaxieschicht (Dunkelfeld)
I – Si-Epitaxieschicht, II – Versetzungsstruktur, III – polykristalline Schicht, IV – amorphe Si_3N_4-Schicht, V – polykristalline Schicht, in einkristalline defektreiche Schicht übergehend, VI – einkristallines defektfreies Substrat

3. Querschnittsabbildungen epitaktischer Halbleiterschichten

Die elektronenmikroskopischen Querschnittsabbildungstechniken werden zunehmend für die Untersuchungen von epitaktischen Halbleiterschichten angewendet. Im Regelfall wird die unter 2.1. beschriebene „face to face"-Präparationstechnik benutzt. Obwohl diese Methode anspruchsvoll und zeitaufwendig ist, hat sie sich zu einem Standardpräparationsverfahren entwickelt.

Die experimentellen Untersuchungen an epitaktischen Halbleiterschichten umfassen Probleme der phänomenologischen Beschreibung der Phasengrenzflächen sowie der Technologien elektronischer Bauelemente. Wichtige Erkenntnisse können bereits durch die einfache Auswertung einer Querschnittsabbildung gewonnen werden. So lassen sich Schichtdicken gut bestimmen; auch eine Beurteilung der Schichtqualität in Abhängigkeit von der Schichtdicke ist leicht möglich. In den letzten Jahren ist eine große Anzahl von Querschnittsabbildungen epitaktischer Halbleiterschichten publiziert worden (s. z. B. [10] und [81–83]. Einige Querschnittsabbildungen und -techniken weisen besondere Merkmale auf. Am Beispiel von ionenstrahlgestäubten Siliciumschichten läßt sich vorführen, welchen Informationsgewinn die Querschnittsabbildung gegenüber der normalen Abbildungstechnik ermöglicht. Die „wire shadowing"-Präparationstechnik muß auf spezielle Schichtsysteme bzw. auf in-situ Heizexperimente angewendet werden, weil die übliche, in Kapitel 2 behandelte „face to face"-Technik hier versagt.

3.1. Untersuchungen an ionenstrahlgestäubten Siliciumschichten

Das physikalische Verfahren der Ionenstrahlzerstäubung [84–86] zur Schichtabscheidung belastet das Substrat thermisch wesentlich geringer als die übliche chemische Dampfabscheidung (CVD), da die Prozeßtemperaturen unter 900 °C liegen. Dadurch ist eine größere Flexibilität in der Auswahl der Substratmaterialien gegeben, und gute Schichtqualitäten sind zu erwarten. Allerdings bestehen bei diesem Verfahren der Schichtherstellung zwei Probleme: Durch unerwünschte Zerstäubung entstehen, z. B. am Target, Verunreinigungen, die in die Schicht eingebaut werden können. Ferner ist nicht auszuschließen, daß die Oberflächenstruktur des Substratmaterials durch den Ionenbeschuß gestört wird; beides hat erheblichen Einfluß auf die Güte der Epitaxieschichten.

Homoepitaktische Siliciumschichten, hergestellt in einem Temperaturbereich von 250 °C bis 870 °C, wurden untersucht. Die Proben sind sowohl für die konventionelle Art der Durchstrahlung als auch für die Querschnittsabbildung präpariert worden. Die mittels konventioneller TEM abgebildeten

Proben zeigen für alle Temperaturbereiche (250 °C; 710 °C; 750 °C und 870 °C) eine einkristalline Schicht in (100)-Orientierung (Abb. 18a–f). Ebenso geht aus den Abbildungen hervor, daß die epitaktischen Schichten aller untersuchten Temperaturbereiche so hohe Defektdichten enthalten, daß es nicht möglich ist, die einzelnen Defekte aufzulösen und zu analysieren. Da weitere Aussagen an

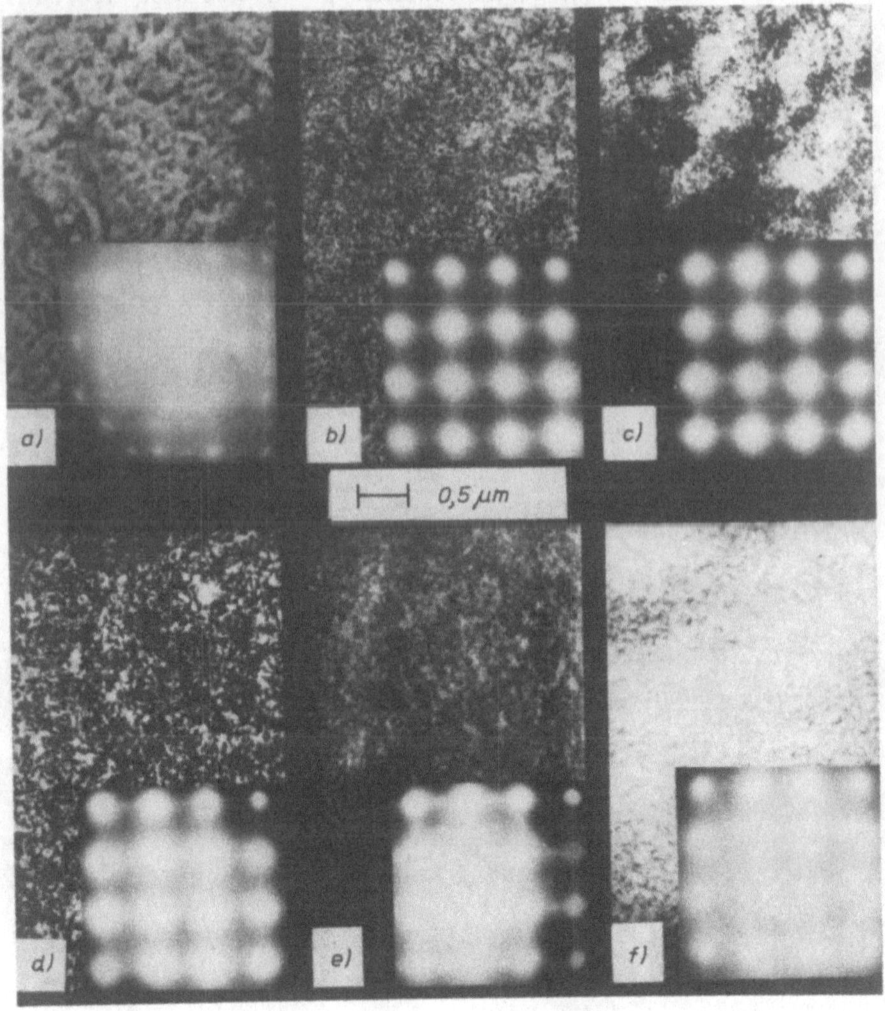

Abb. 18. Laterale Abbildungen von ionenstrahlgestäubten homoepitaktischen Siliciumschichten
a) T = 870 °C in Xenongas, b) T = 710 °C in Xenongas,
c) T = 710 °C in Argongas, d) T = 750 °C in Argongas,
e) T = 250 °C in Argongas, f) T = 250 °C in Argongas mit Ionenfilter

den konventionell hergestellten Proben nicht gewonnen werden konnten, wurde die Querschnittsabbildung angewendet. Die Proben sind nach dem Verfahren der „face to face"-Technik präpariert worden. Die epitaktischen Si-Schichten, die bei relativ hohen (870 °C) und bei niedrigen (250 °C) Temperaturen abgeschieden wurden, offenbaren auch in der Querschnittsabbildung im Höchstspannungs-elektronenmikroskop eine nicht mehr auflösbare Defektdichte (Abb. 19a–c).

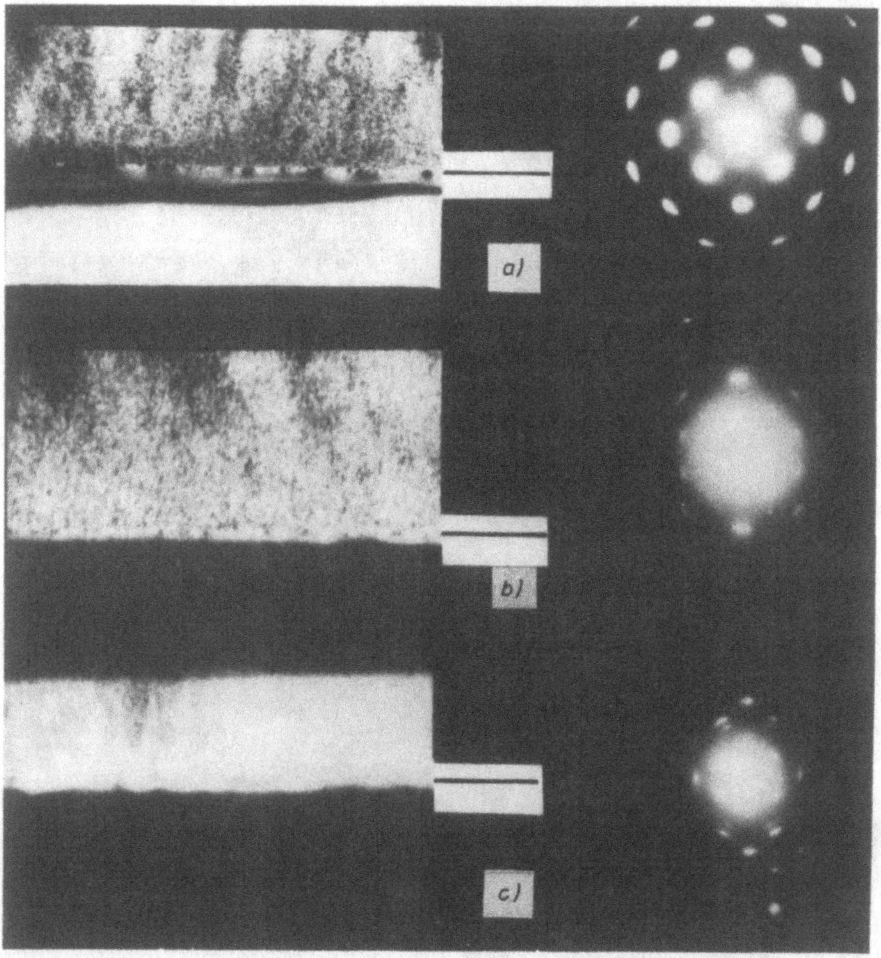

Abb. 19. Querschnittsabbildungen von ionenstrahlgestäubten homoepitaktischen Siliciumschichten mit den dazugehörigen Beugungsabbildungen
a) T = 870 °C in Xenongas, Hellfeld, b) T = 250 °C in Argongas, Dunkelfeld,
c) T = 250 °C in Argongas mit Ionenfilter, Dunkelfeld

Gegenüber der lateralen Abbildung ergeben sich jedoch zwei wichtige Informationen: Es wird deutlich, daß die Grenzfläche nicht eben ist; es existiert eine gestörte Zwischenschicht an der Substratoberseite. Außerdem läßt sich aus Feinbereichsbeugungsdiagrammen der epitaktischen Si-Schicht eine streakförmige Erweiterung der Beugungsreflexe in azimutaler Richtung entnehmen. Dies ist ein Hinweis darauf, daß die Si-Schicht zwar einkristallin aufwächst, aber nicht mit vollständiger kristalliner Perfektion. Die einzelnen Kristallkörner sind geringfügig in azimutaler Richtung gegeneinander verdreht, d. h. zur Wachstumsrichtung verkippt.

Auch die bei 710 °C bzw. 750 °C in Argonatmosphäre abgeschiedenen Si-Schichten haben eine sehr hohe Defektdichte (Abb. 20b, c, d). Die Grenzfläche muß ebenfalls als rauh bezeichnet werden, und der angrenzende Substratbereich ist bis zu einer Tiefe von 200 nm durch Versetzungen gestört. Die Hell- und Dunkelfeldabbildungen (Abb. 20b, c d) zeigen dies sehr deutlich. Ebenso enthalten die epitaktischen Si-Schichten, die bei 710 °C, jedoch in Xeneongasatmosphäre hergestellt wurden, eine sehr hohe Defektkonzentration (Abb. 20a). Einzelne Defekttypen lassen sich hier allerdings unterscheiden (vgl. dazu die laterale Abb. 18 – b). Es sind Versetzungen, Loops, Zwillinge und Ausscheidungen erkennbar. In der hochvergrößerten „weak beam"-Dunkelfeldabbildung wird deutlich, daß die Grenzfläche aufgerauht ist und Versetzungen in das Substratmaterial hineinreichen.

Zusammenfassend läßt sich bezüglich der Untersuchungen an ionenstrahlgestäubten Si-Schichten folgendes feststellen: Mit der Querschnittsabbildung können trotz der sehr hohen Defektdichten signifikante Aussagen über Schichtqualität und Verwachsungsmodus gewonnen werden. Die bei 710 °C in Xenongasatmosphäre hergestellten Si-Schichten haben die beste Qualität aller untersuchten Proben. In sämtlichen Fällen enthalten die Si-Schichten einen aufgerauhten Interface-Bereich; Grenzflächendefekte – vorwiegend Versetzungen – reichen bis zu 200 nm tief in das Substratmaterial hinein. Diese Defektstruktur der Grenzfläche scheint verfahrenstypisch zu sein, d. h., daß sie durch den Ionenbeschuß entsteht (im CVD-Verfahren bleibt die Grenzfläche glatt). Das bedeutet, daß die erhoffte gute Schichtqualität infolge der gestörten Oberfläche des Substratmaterials nicht hergestellt werden kann. Extreme Wachstumstemperaturen, also von 870 °C und 250 °C, haben sich ebenfalls als ungünstig erwiesen, da die Perfektion der Schicht unter solchen Bedingungen noch durch die azimutale Verdrehung der einzelnen Körner gestört ist.

3.2. Die „wire shadowing"-Präparationstechnik

Das am häufigsten angewendete Präparationsverfahren für die TEM-Querschnittsabbildungen von epitaktischen Halbleiterschichten ist zwar die „face to face"-Methode (s. Kapitel 2). Für eine Reihe von Spezialfällen kann diese Ab-

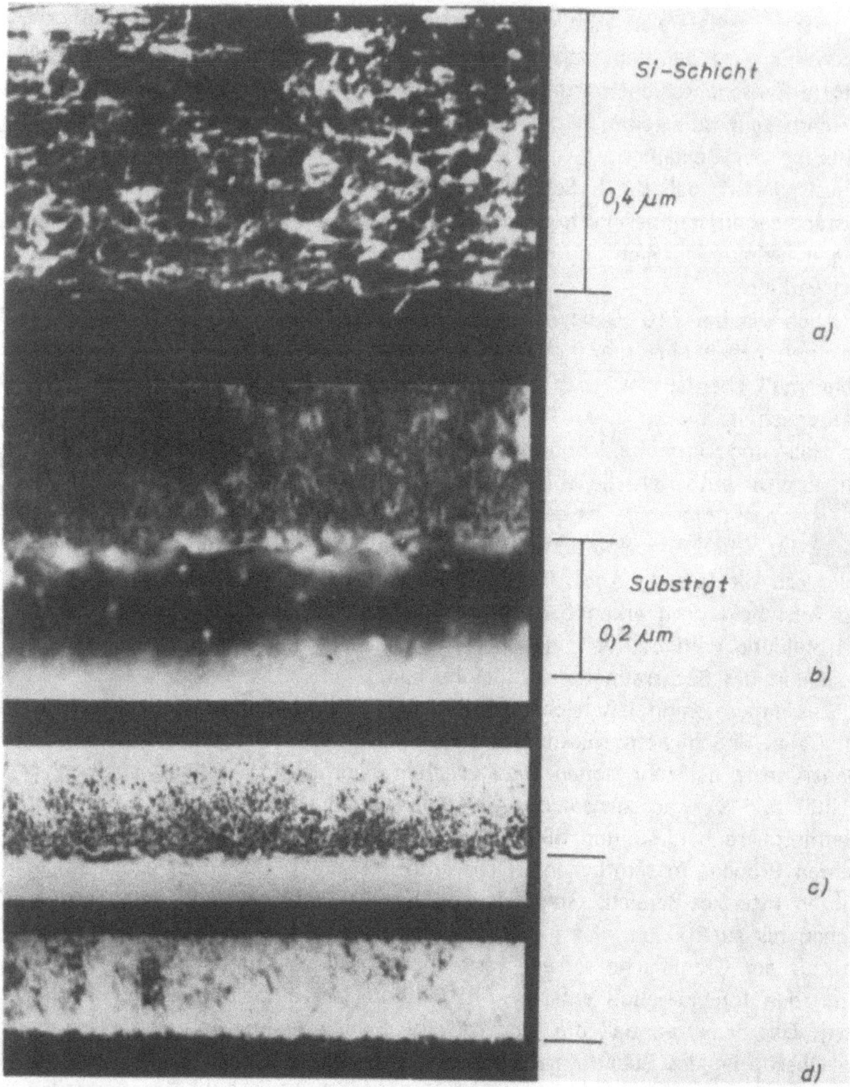

Abb. 20. Querschnittsabbildungen von ionenstrahlgestäubten homoepitaktischen Siliciumschichten
a) T = 710 °C in Xenongas, „weak beam" Abbildung
b) T = 710 °C in Argongas, Hellfeld
c) T = 750 °C in Argongas, Hellfeld
d) T = 750 °C in Argongas, Dunkelfeld

dünntechnik jedoch nicht angewendet werden. Das trifft z. B. für Mehrstoffsysteme zu, bei denen sich die Abdünnraten der einzelnen Verwachsungspartner beim Ionenbeschuß stark, mitunter sogar um eine Größenordnung unterscheiden, und auch für Heizexperimente, da die Klebstoff- und Einbettungsmaterialien eine solche Behandlung nicht überstehen. Um für solche Systeme durchstrahlbare und für die Defektanalyse brauchbare Präparate herstellen und um Heizexperimente im Mikroskop ausführen zu können, wurde ein spezielles Ionenstrahlabdünnungspräparationsverfahren entwickelt, die „wire shadowing"-Technik. Das Prinzip besteht darin, daß ein dünner Wolframdraht mit einem Durchmesser von etwa 20 μm eine Abschattung des Ionenstrahls bewirken soll. Nachdem eine Probe des Sandwichsystems auf die in Abbildung 21a skizzierte Weise mit der Fadensäge zugeschnitten wurde, wird der Wolframdraht auf der Mitte der Epitaxieschichtseite mittels Fotolack befestigt. Die Probe wird anschließend so in die Ionenstrahlabdünnapparatur eingesetzt, daß der Ionenstrahl und der Draht in der Normalebene zur Probenoberfläche liegen und einen Winkel von 15° bis 20° oder auch 90° miteinander bilden. Der Abdünnprozeß erfolgt ohne Probenrotation, wie in Abbildung 21b dargestellt. Abbildung 21c zeigt die Lage des derart abgedünnten Präparates im Elektronenmikroskop. Für normale Untersuchungen wird die abgedünnte Probe wegen der besseren Handhabung in einen Aluminiumring eingeklebt. Für Heizexperimente muß das Objekt allerdings freitragend als Steg in die Heizpatrone eingebracht werden. Die „wire shadowing"-Technik konnte so verfeinert werden, daß es möglich war, sowohl die Netzebenenabbildungstechnik anzuwenden als auch in-situ Heizexperimente bei 1 100 °C auszuführen.

3.3. Untersuchungen zur Grenzfläche Silicium/isolierendes Substrat

Epitaktisch auf Isolatorsubstraten abgeschiedene Halbleiterschichten sind für spezielle Anwendungen in der Mikroelektronik unentbehrlich. Beispielsweise werden mikroelektronische Schaltkreise hoher Integrationsdichte, geringen Leistungsverbrauchs und hoher Schaltgeschwindigkeiten in der SOS-Technik (silicon on sapphire) hergestellt.

Die zwei technologisch wichtigsten Systeme sind Silicium auf Saphir oder Spinell sowie die A_{III}-B_V-Verbindungen, z. B. GaAs, auf Saphir oder Spinell. (Die Literatur zu dieser Thematik ist umfangreich; hier sei auf die Monographien [87] und [88] verwiesen.)

Die Interface zwischen Deposit und Substrat beeinflußt entscheidend die Eigenschaften des Schichtsystems (vgl. Kapitel 1).

Hier interessiert besonders, welche Typen von Kristallbaufehlern an der Grenzfläche erzeugt werden und ob diese Defekte durch die Gitterfehlpassung zwischen den Verwachsungspartnern oder durch unterschiedliches thermisches

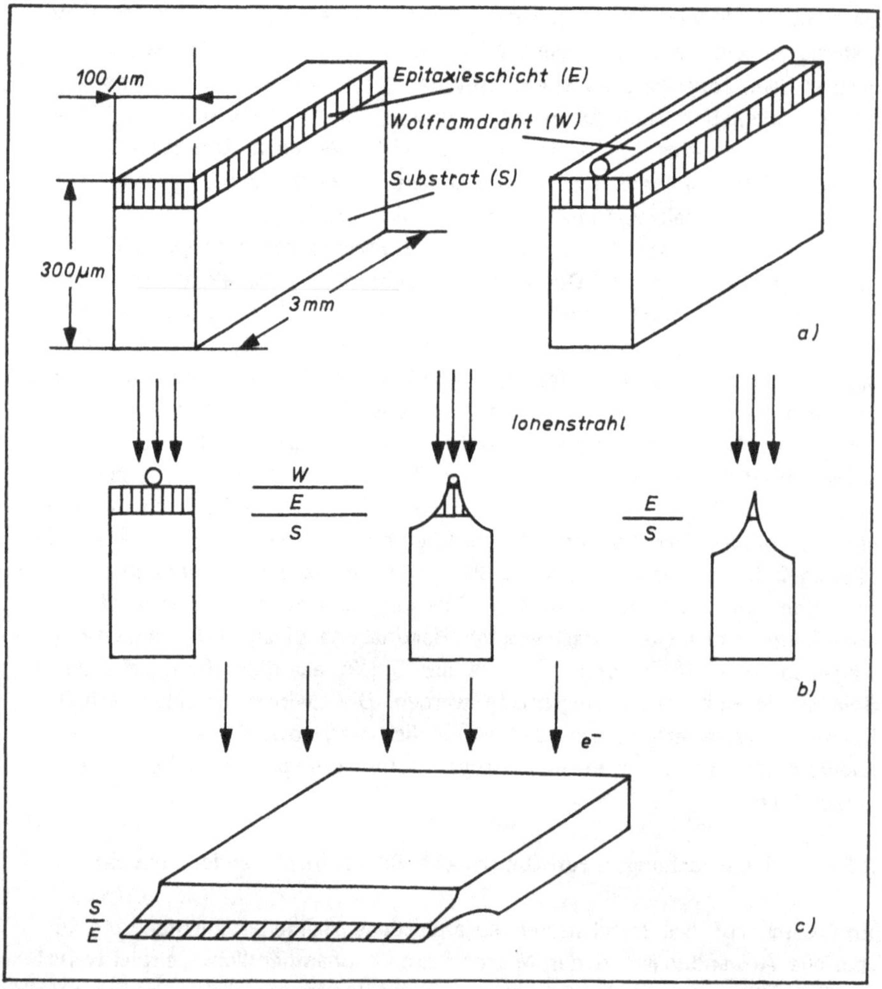

Abb. 21. Schema der „wire shadowing"-Präparationstechnik zur Herstellung von TEM-Proben im Querschnitt
a) Schneiden der Proben und Aufkleben des Abschattungsdrahtes
b) Ionenstrahlabdünnung
c) Lage der Probe im TEM

Ausdehnungsverhalten verursacht werden. Weiterhin interessiert, wie die Spannungen zwischen den Verwachsungspartnern abgebaut werden und welche Anpassungsprozesse während der Epitaxie bei hohen Temperaturen über 800 °C und der anschließenden Abkühlungsphase ablaufen. Die Querschnittspräparation ist für die Behandlung derartiger Probleme äußerst hilfreich, denn die Direktabbildung der Grenzfläche und des grenzflächennahen Bereichs ermöglicht die Analyse der Interface-Strukturen.

3.3.1. Das System epitaktische Siliciumschicht auf Saphir

Das System Silicium auf Saphir stellt eine extreme Kombination für die Heteroepitaxie dar, wie anhand der Betrachtung der kristallographischen Unterschiede, des Bindungscharakters und des Verbindungstyps der Verwachsungspartner deutlich wird. Diese Verschiedenheit der Kristallstrukturen sowie der Unterschied in den Gitterkonstanten (Silicium 0,5432 nm; Saphir 0,475 nm) wie auch die Differenz in den thermischen Ausdehnungskoeffizienten (Faktor 2) lassen bei der epitaktischen Verwachsung Defekte in der Grenzfläche erwarten.

Die epitaktische Siliciumschicht (Dicke 0,6 μm) wurde bei 960 °C durch Pyrolyse von Silan in folgender Orientierungsbeziehung hergestellt: (001)-Si || $(1\bar{1}02)$-Saphir. Die Proben wurden mit der „wire shadowing"-Technik präpariert und im Elektronenmikroskop mit der Einstrahlrichtung B = [110]-Si || $[\bar{2}021]$-Saphir untersucht. Die Defektstruktur an der Grenzfläche widerspiegelt Abbildung 22a und b. Die Grenzfläche selbst ist als scharfe Linie erkennbar. Bei den Defekten handelt es sich um Zwillingslamellen. Das Beugungsbild (Abb. 22c) [110]-Si || $[\bar{2}021]$-Saphir zeigt die typischen Silicium-Matrix-Reflexe mit den Zwillingsreflexen und ebenso die zugehörigen Saphir-Reflexe, deren Indizierung Abbildung 22d enthält. Die Zwillingslamellen gehen unmittelbar von der Grenzfläche aus und liegen auf den vier {111}-Tetraederebenen. Eine ausgeprägte Zwischenschicht [17] oder bestimmte Anpassungsversetzungen wurden nicht gefunden. Dies konnte durch eine Netzebenenabbildung (Abb. 23) bestätigt werden. Deutlich sind die Zwillingsstruktur und die Grenzfläche erkennbar. Zusammenfassend läßt sich feststellen, daß Zwillingslamellen die signifikanten Defektstrukturen der Grenzfläche im System Silicium auf Saphir bilden [10, 18, 89–91].

3.3.2. In-situ Heizexperimente an Querschnittsproben

Das epitaktische Abscheiden dünner Schichten geschieht gewöhnlich bei hohen Temperaturen (um 1 000 °C) und ist meistens mit einem schnellen Abkühlungsprozeß verbunden. Daher ist zu erwarten, daß bei unterschiedlichem thermischem Ausdehnungsverhalten von Deposit und Schicht an der Grenzfläche spannungsinduzierte Defekte entstehen. Außerdem interessiert, wie sich die Defektstrukturen während der Temperungs- und Ausheilprozesse an der Grenzfläche ändern. Durch in-situ Heizexperimente können solche Vorgänge simuliert werden, und es sind zusätzliche Informationen über das Defektgeschehen zu gewinnen. Die „wire shadowing"-Präparationstechnik gestattet solche Experimente.

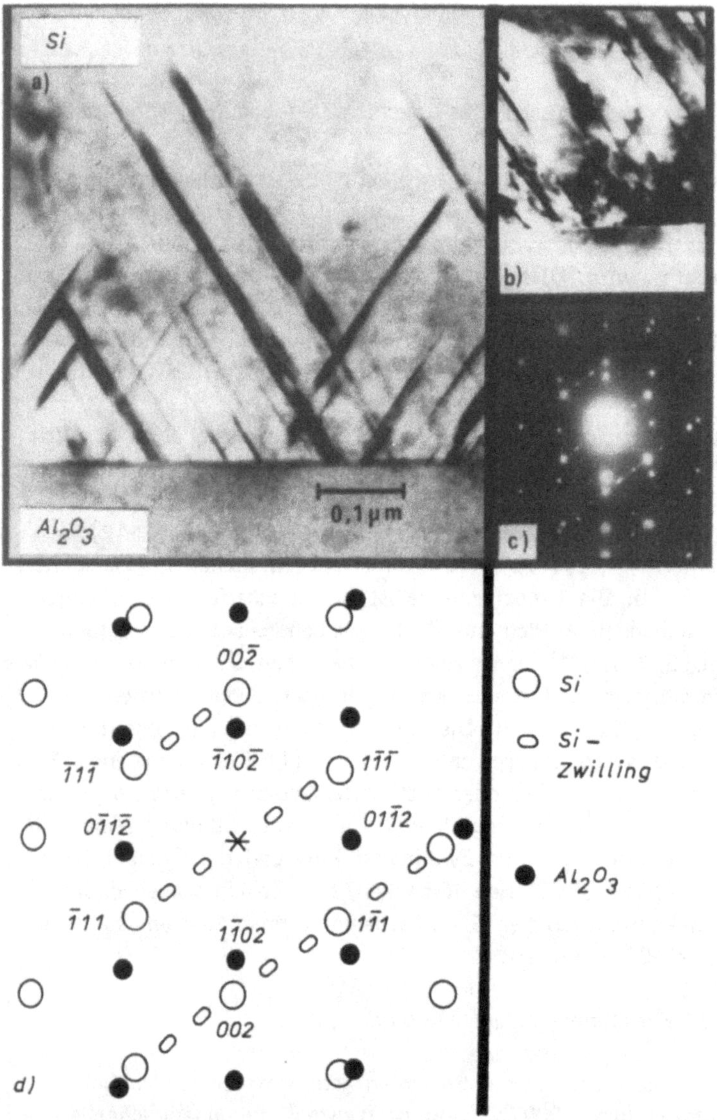

Abb. 22. Zwillingslamellen in Silicium an der Grenzfläche (001)-Si || (1$\bar{1}$02)-Saphir
a) einige Grade aus [110]-Si gekippt
b) symmetrische Einstrahlung [110]-Si
c) Beugungsabbildung [110]-Si || [$\bar{2}$021]-Al_2O_3
d) indiziertes Beugungsbild

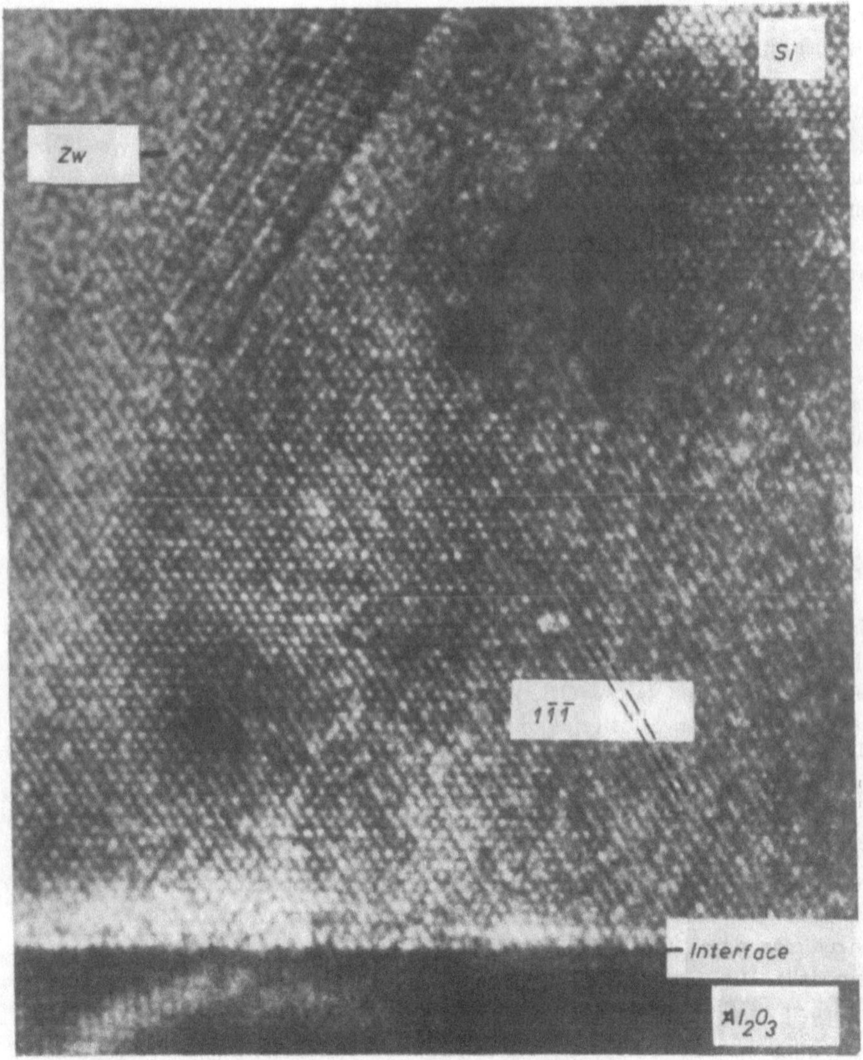

Abb. 23. Netzebenenabbildung von der Silicium-Saphir-Grenzfläche mit einer Zwillingslamelle (Zw) (001)-Si || (1$\bar{1}$02)-Al_2O_3; [110]-Si || [$\bar{2}$021]-Al_2O_3

Für die Untersuchungen wurde ein spezieller Hochtemperaturheiztisch des HEM benutzt [92], worin Temperaturen bis 1400 °C erreicht werden können. Die maximalen Kippwinkel des Goniometers betragen ± 20 °C. Diese gute Kippmöglichkeit wirkt sich besonders günstig bei Untersuchungen von Querschnittsproben aus. Dazu werden etwa 3 mm lange, querschnittspräparierte

Proben freitragend, d. h. nur an den Stegenden aufliegend, in die Heizpatrone eingebracht (vgl. Abb. 24a, b).

Die ersten in-situ Heizexperimente betrafen das System Silicium auf Saphir in folgenden Orientierungsbeziehungen: (001)-Si || $(1\bar{1}02)$-Saphir, wobei die Elektroneneinstrahlrichtung nahezu parallel [110]-Si || $[\bar{2}021]$-Al_2O_3 war. Die Querschnittsmikrografien der gleichen Objektstelle bei unterschiedlichen Heiztemperaturen enthalten die Abbildungen 25a–d. In Abbildung 25a ist wieder die typische Zwillingslamellen-Defektstruktur des Siliciums an der Grenzfläche bei Raumtemperatur zu sehen. Die Zwillingslamellen sind bei 880 °C (Abb. 25b), 1 150 °C (Abb. 25c) und wiederum bei Raumtemperatur nach 1,5 Stunden Heizdauer (Abb. 25d) zu finden. Die Zwillingslamellen bleiben also während des Aufheizvorganges und der Abkühlphase stabil. Neue Defekte werden durch den Heizvorgang nicht erzeugt. Das Heizexperiment bestätigt die Vermutung, daß ein großer Anteil der beim epitaktischen Wachstum entstehenden Spannungen an der Grenzfläche durch die Bildung von Zwillingslamellen abgebaut wird.

3.3.3. Das System epitaktische Siliciumschicht auf Spinell

Ein weiteres wichtiges und in der Mikroelektronik angewendetes System epitaktischer Halbleiterschichten auf Isolatorsubstraten ist die Sandwichstruktur Silicium auf Spinell ($MgAl_2O_4$). Wegen der übereinstimmenden kristallographischen Struktur von Substrat und Deposit (Silicium und Spinell sind kubisch und kristallisieren in der Raumgruppe Fd3m) wäre eine gute Epitaxie zu erwarten. Einschränkend muß jedoch beachtet werden, daß der Gitterkonstantenunterschied zwischen Deposit und Substrat (Si: 0,543 nm, $MgAl_2O_4$: 0,802 nm) und die Differenz zwischen den thermischen Ausdehnungskoeffizienten relativ groß sind. Daher sind bei der Epitaxie sowohl thermospannungs- als auch fehlpassungsinduzierte Defekte im Interface-Bereich zu erwarten. Die Si-Schichten wurden durch Silanpyrolyse bei 960 °C mit einer Schichtdicke von 3 μm hergestellt. Die elektronenmikroskopische Einstrahlrichtung lag bei B = [001] mit einer (010)-Querschnittsebene. Abbildung 26 zeigt die Grenzfläche zwischen Silicium und Spinell, die als scharfe Trennlinie zwischen den Verwachsungspartnern erscheint. Die Einstrahlrichtung war hier exakt B = [001]. Die Si-Schicht enthält zahlreiche Versetzungen, Stapelfehler und Mikrozwillinge, deren Dichte mit wachsender Entfernung von der Grenzfläche rasch abnimmt. Dem Beugungsbild ist zu entnehmen, daß die Si-Schicht mit guter kristalliner Perfektion aufwächst. Wegen der komplizierten Kontrastverhältnisse bei symmetrischer Einstrahlung wurde die Probe um wenige Grade, d. h. nach B = [501], gekippt, was die Defektanalyse erleichtert. In Abbildung 27 ist dies deutlich zu sehen. Die Zwillingsstruktur in der Si-Schicht ist klar erkennbar. Im Beugungsdiagramm treten durch die Verzwillingung bedingte Zusatzreflexe

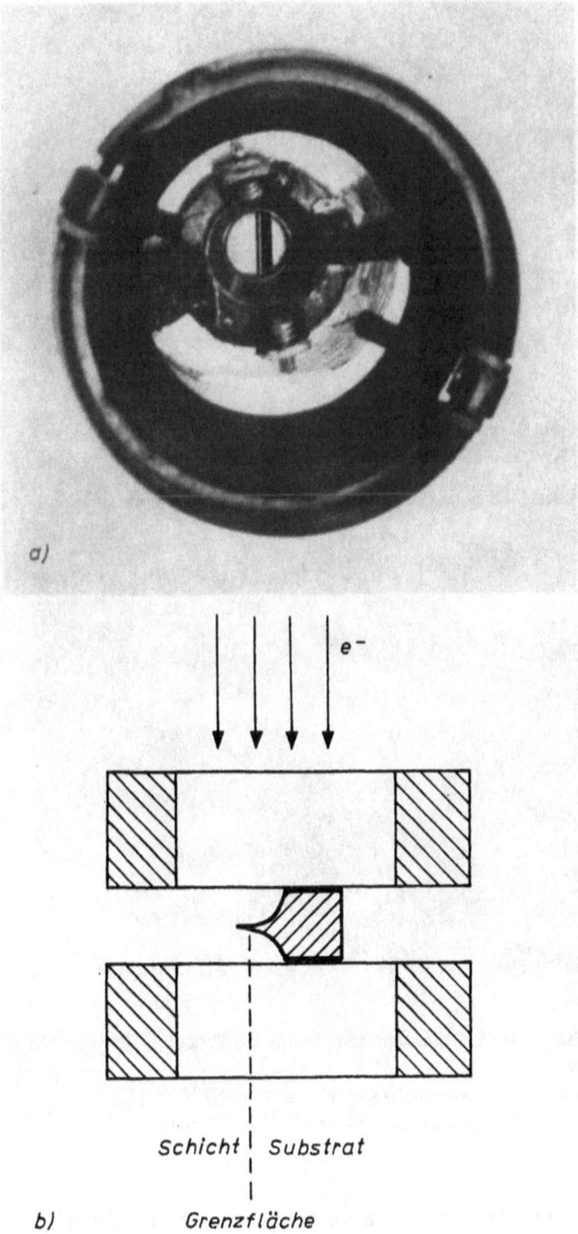

Abb. 24. In-situ Heizexperiment an querschnittspräparierten Proben
a) Heizpatrone mit eingezeichneter Probenlage
b) im Querschnitt

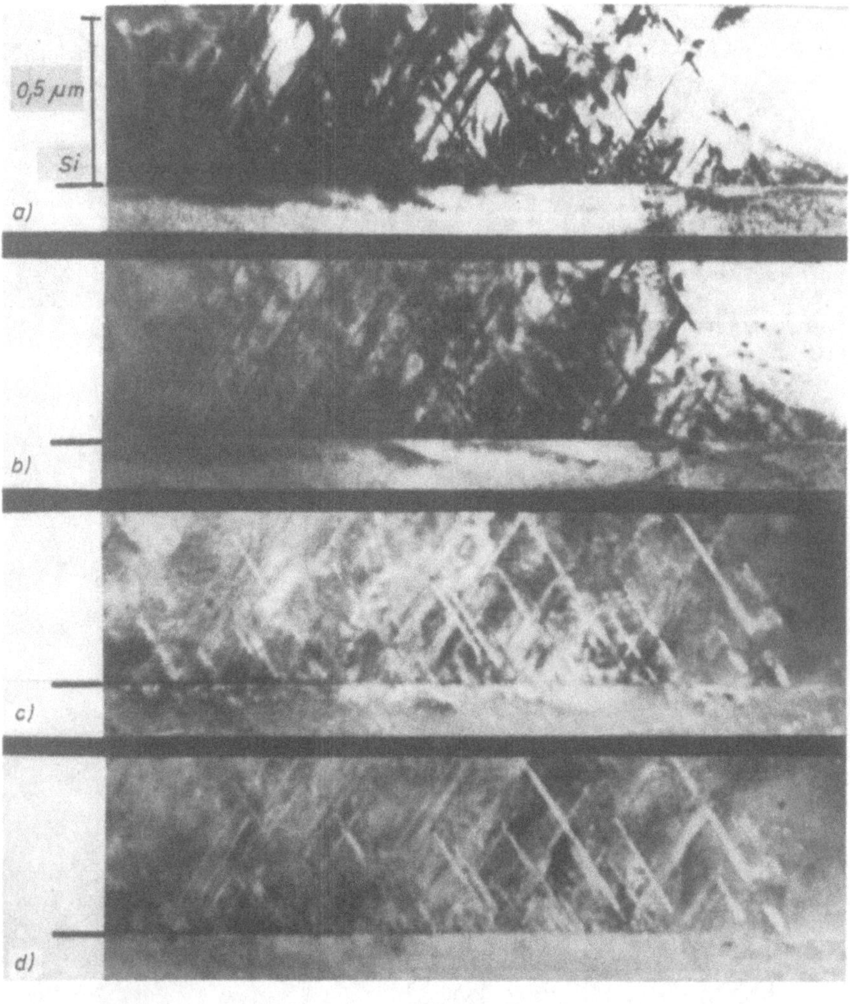

Abb. 25. In-situ Heizexperiment im HEM von querschnittspräparierten Proben (001)-Si || (1$\bar{1}$02)-Al_2O_3; [110]-Si || [$\bar{2}$021]-Al_2O_3
Zwillingslamellen, die im Si auf den {111}-Ebenen liegen: a) bei T = 20 °C, b) bei T = 880 °C, c) bei T = 1 150 °C – Dunkelfeld, d) bei T = 20 °C nach 1,5 Stunden Heizdauer, Dunkelfeld

auf. Die Dunkelfeldabbildung wurde mit den zwei gekennzeichneten Zwillingsreflexen (11$\bar{1}$) und (1$\bar{1}\bar{1}$) erzeugt. Die Zwillingslamellen erscheinen dann parallel zu ⟨$\bar{1}$10⟩ bzw. ⟨110⟩-Richtungen.

Das Zwillingswachstum beginnt erkennbar direkt an der Grenzfläche. Wie schon im System Silicium auf Saphir zu beobachten war, bilden die Zwillings-

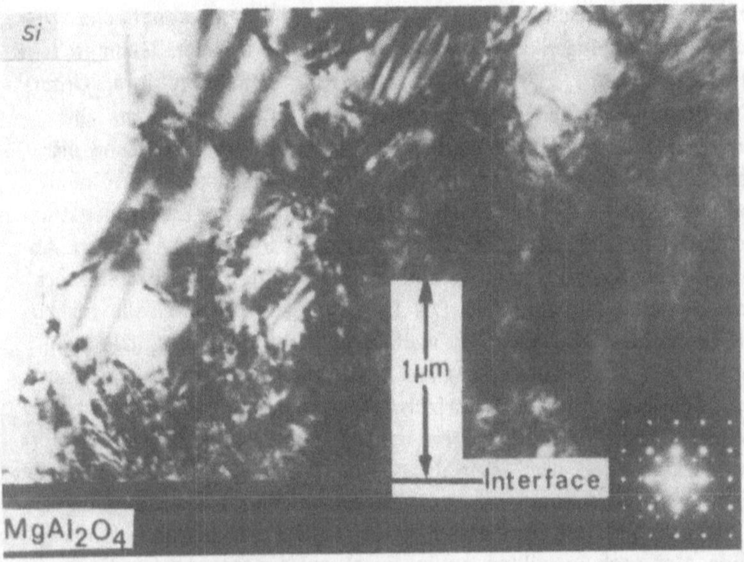

Abb. 26. Defektstruktur an der Grenzfläche Silicium auf Spinell
$(0\bar{1}0)$-Si || $(0\bar{1}0)$-$MgAl_2O_4$; B = [001]

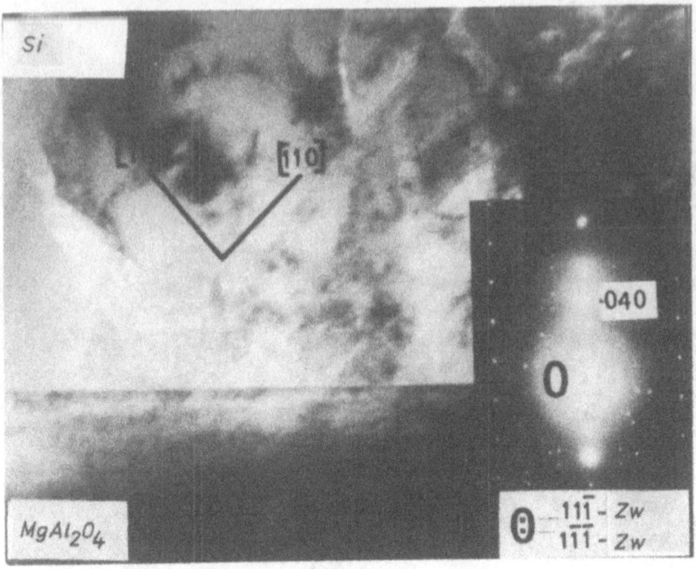

Abb. 27. Dunkelfeldabbildung von Zwillingslamellen (Zw) im Silicium an der Grenzfläche des Systems Silicium auf Spinell
$(0\bar{1}0)$-Si || $(0\bar{1}0)$-$MgAl_2O_4$; B = [501]

lamellen auch hier die typische Defektstruktur an der Phasengrenzfläche. Vermutete Anpassungsversetzungen konnten nicht gefunden werden. Geometrische Modellbetrachtungen zeigen, daß die Fehlpassung der Schicht zu ihrer Unterlage durch Zwillingsbildung verringert werden kann. Eine verzwillingte Si-Struktur bewirkt also über weite Gitterbereiche eine bessere Anpassung als eine zwillingsfreie. Eine andere Form der Zwillingsdefektstrukturen ist nicht weniger bedeutsam: Wird die Grenzfläche exakt parallel zum Elektronenstrahl orientiert und dabei entlang der Grenzfläche gekippt, so sind die in den Abbildungen 28, 30 und 31 gezeigten Defekte zu beobachten. Diese Defektart ist nur an der Grenzfläche zu finden. Die Defekte haben eine Größe bis zu 200 nm, und ihr Kontrast erscheint in vielfältiger Art und Weise. Die Beugungsbilder enthalten Zusatzreflexe in einer bestimmten Anordnung. Vermutlich handelt es sich hier um eine Mehrfachverzwillingung, durch die fortlaufende Zwillingsketten (Pyramiden) und nahezu geschlossene Polyeder erzeugt werden. Letztere sind als „Multiply twinned particles" (MTP) in Gestalt von frei existierenden Kristalliten bekannt [93–95]. Diese MTP können in pentagonaler, hexagonaler und rhomboedrischer Gestalt vorkommen. Für Silicium sollte eine Mehrfachverzwillingung in Form eines pentagonalen Dekaeders oder eines regulären Ikosaeders erwartet werden. Die vollständige Analyse der Teilchen, d. h. die Bestimmung ihrer genauen kristallographischen Struktur und ihrer Form ist schwierig. Die Kontrasterscheinungen sind infolge

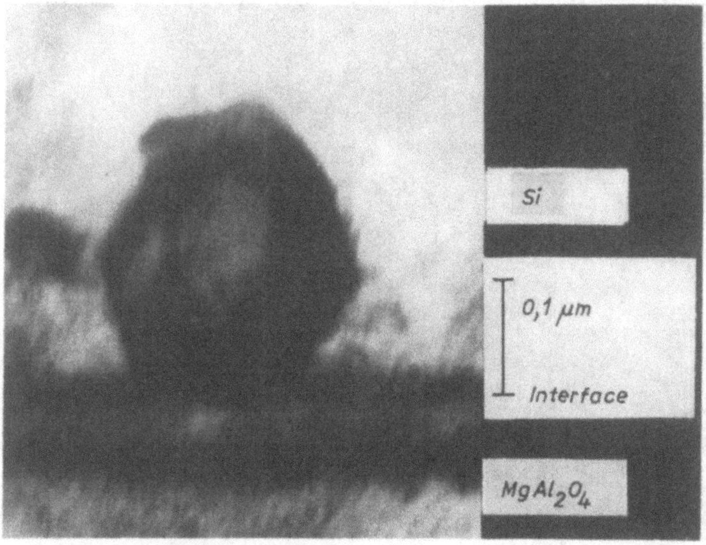

Abb. 28. Vielfachverzwillingtes Teilchen (MTP) im Silicium an der Grenzfläche, $(0\bar{1}0)$-Si || $(0\bar{1}0)$-$MgAl_2O_4$

der Mehrstrahlanregungen im HEM von komplexer Natur. Weiterhin sind die für die Kontrastanalyse nötigen Kippmöglichkeiten eingeschränkt, da die Teilchen ausschließlich an der Grenzfläche vorkommen, und es kann somit nur in einer Richtung, d. h. entlang der Grenzfläche, gekippt werden. Den Aufbau eines vielfachverzwillingten, beispielsweise hexagonalen, Teilchens zeigt Abbildung 29. Grundelement ist ein Ausgangstetraeder mit den vier {111}-Tetraederebenen (Abb. 29a). Verzwillingen zwei Tetraeder miteinander, so entsteht die in Abbildung 29b gezeigte Form. Verzwillingen zwanzig Tetraeder miteinander in einer nahezu geschlossenen Form, so entsteht ein Ikosaeder (Abb. 29c und d). Dieser besteht aus einem Ausgangstetraeder, drei primären Zwillingstetraedern, sechs sekundären, sechs tertiären, drei quartären Tetraedern und einem quintären Zwillingstetraeder (Abb. 29c). Diese Ansicht des Ikosaeders entspricht einer sogenannten „face"-Orientierung. Abbildung 29d zeigt die Form eines Ikosaeders in einer ⟨112⟩-Orientierung.

Ist eine solche Art der Vielfachverzwillingung nach {111} gegeben, dann kann der so erzeugte Polyeder nicht vollständig geschlossen sein; das bedeutet, es können Lücken zwischen den einzelnen Tetraedern gebildet werden. Somit wird die Tetraederstruktur des mehrfachverzwillingten Teilchens gestört sein. Ein als Typ „ikosaedrisches Teilchen" hätte dann durch die Verzerrungen tatsächlich eine rhomboedrische Kristallstruktur. Eine Vielzahl von komplexen Strukturen und Formen ist also zu erwarten. Zwei Kontrastformen der MTP zeigt Abbildung 30a. Diesen experimentell beobachteten Kontrasten ist in Abbildung 30b eine Tetraederstruktur zugeordnet. Die mögliche Struktur besteht aus drei verzwillingten Tetraedern, die so in der Matrix liegen, daß die markierten {111}-Ebenen der Tetraeder mit den {111}-Matrixebenen übereinstimmen. Ein weiterer Hinweis, daß es sich bei diesen Kontrast-

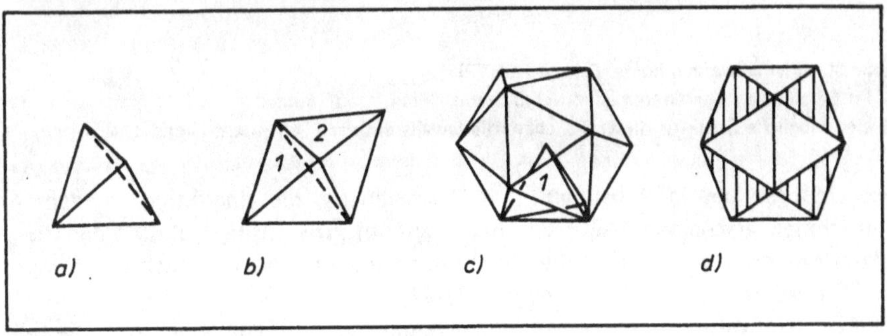

Abb. 29. Aufbau von vielfachverzwillingten Teilchen (MTP)
a) Ausgangstetraeder
b) zwei verzwillingte Tetraeder
c) ikosaedrisches Teilchen in „face"-Orientierung mit eingezeichnetem Ausgangstetraeder
d) ikosaedrisches Teilchen in ⟨112⟩-Orientierung

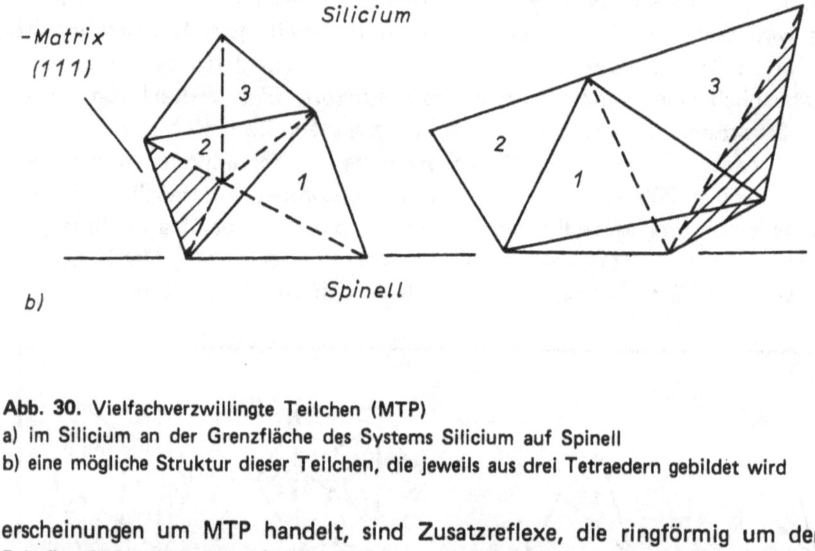

Abb. 30. Vielfachverzwillingte Teilchen (MTP)
a) im Silicium an der Grenzfläche des Systems Silicium auf Spinell
b) eine mögliche Struktur dieser Teilchen, die jeweils aus drei Tetraedern gebildet wird

erscheinungen um MTP handelt, sind Zusatzreflexe, die ringförmig um den Primärreflex erscheinen (Abb. 31, Beugungsbild). Die „Ringstruktur" der Zusatzreflexe wird auch durch die Computersimulation von mehrfachverzwillingten Tetraedern nach {111} erzeugt [96, 97].

Für das System Silicium auf Spinell ergibt sich zusammenfassend: Die Defektstruktur an der Interface besteht im Silicium aus Zwillingslamellen und mehrfachverzwillingten Teilchen, deren Nachweis nur die Querschnittsabbildung ermöglicht. Interface-Versetzungen werden nicht beobachtet; auch eine vermutete Zwischenschicht [98, 99] zwischen Silicium und Spinell ist nicht vorhanden.

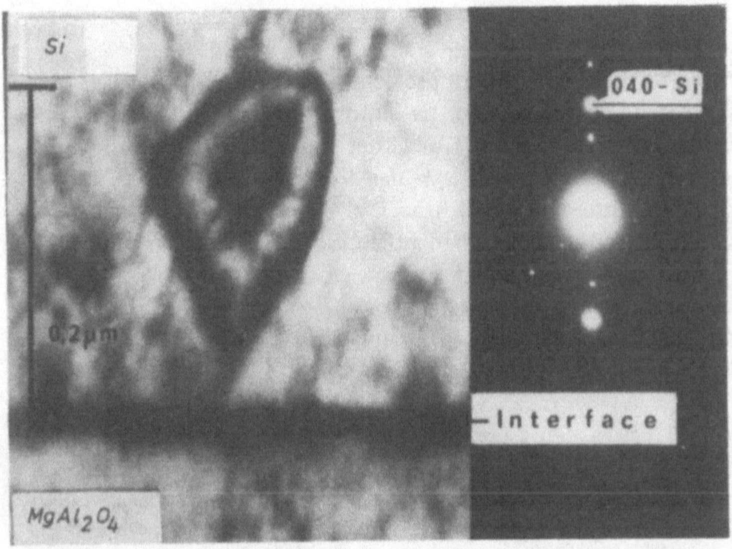

Abb. 31. Vielfachverzwillingtes Teilchen (MTP) im Silicium an der Grenzfläche in ⟨108⟩-Orientierung, (010)-Si ‖ (010)-$MgAl_2O_4$

3.4. Untersuchungen zur Grenzfläche Verbindungshalbleiter/isolierendes Substrat

Eingehende Untersuchungen des Epitaxieverhaltens von Silicium auf Saphir und Spinell haben in den letzten Jahren zur Aufklärung von Grundprozessen der SOS-Technologie geführt. Ausgehend von solchen Erfahrungen wurde diese Technologie neuerdings auch auf Verbindungshalbleiter angewendet, wobei die III-V-Verbindungen besonderes Interesse finden. Beispielsweise wurden folgende Halbleiterstrukturen mit Erfolg hergestellt: GaAs/Saphir als Transmissionsfotokatoden; GaN/Saphir, GaN/Spinell und GaAs/Spinell als lichtemittierende Dioden [87]. Die Galliumnitridschicht, die im Verfahren der Gasphasenätzung hergestellt wird, übt besondere Wirkungen aus. GaN hat einen direkten Bandübergang von 3,5 eV, der die Erzeugung von Licht über einen großen Wellenlängenbereich ermöglicht. Je nach Wachstumsbedingungen können Dioden mit grüner, gelber, roter und – was bisher nicht möglich war – mit blauer Farbe hergestellt werden. Da die Lichtausbeute der Dioden von der Güte der Epitaxieschicht abhängig ist, d. h. von deren Defektstruktur, vor allem des Phasengrenzbereiches, sind die GaN-Dioden ein wichtiges Untersuchungsobjekt der elektronenmikroskopischen Querschnittsabbildung.

3.4.1. Das System epitaktische Galliumnitridschicht auf Saphir

In dem System epitaktische Galliumnitridschicht auf Saphir sollten gute Verwachsungsbedingungen erwartet werden, da sowohl GaN als auch Saphir eine hexagonale Kristallstruktur aufweisen. Das Gitter des Galliumnitrids ist vom Wurtzittyp, und der Saphir kristallisiert in der Korundstruktur. Die Fehlpassung zwischen beiden Gittern liegt bei 1 %. Die thermischen Ausdehnungskoeffizienten unterscheiden sich jedoch deutlich, so daß mit spannungsinduzierten Defekten gerechnet werden muß.

Die Epitaxieschicht wurde im Verfahren der Gasphasenätzung bei 1 050 °C hergestellt [100], und zwar in folgenden Orientierungsbeziehungen: $(11\bar{2}0)$-GaN || $(10\bar{1}2)$-Al_2O_3; $\langle 10\bar{1}0\rangle$-GaN || $\langle 11\bar{2}0\rangle$-$Al_2O_3$. Einstrahlrichtung der querschnittspräparierten Proben war – bezüglich des GaN – der symmetrische Pol B = $[01\bar{1}1]$. In den Abbildungen 32 und 33 ist die Defektstruktur an der Grenzfläche wiedergegeben, die im wesentlichen aus Versetzungen im GaN besteht. Die Versetzungsdichte ist an der Grenzfläche am höchsten und nimmt mit zunehmender Schichtdicke rasch ab. Eine systematische Analyse der geometrischen Anordnung und der Versetzungstypen muß weiteren Untersuchungen vorbehalten bleiben. Es kann jedoch bereits gefolgert werden, daß die Gitteranpassung zwischen GaN und Saphir mittels Versetzungen erfolgt.

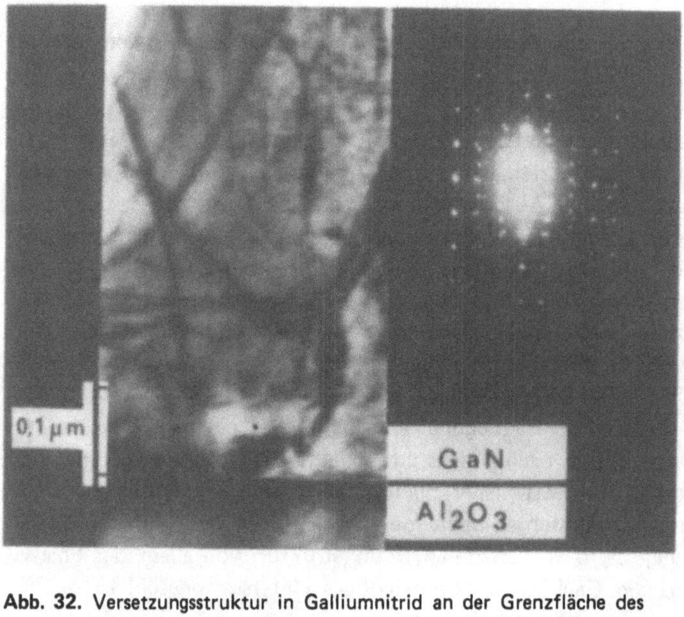

Abb. 32. Versetzungsstruktur in Galliumnitrid an der Grenzfläche des Systems Galliumnitrid auf Saphir
$(1\bar{1}\bar{2}0)$-GaN || $(10\bar{1}2)$-$Al_2O_3$1; B_{GaN} = $[01\bar{1}1]$

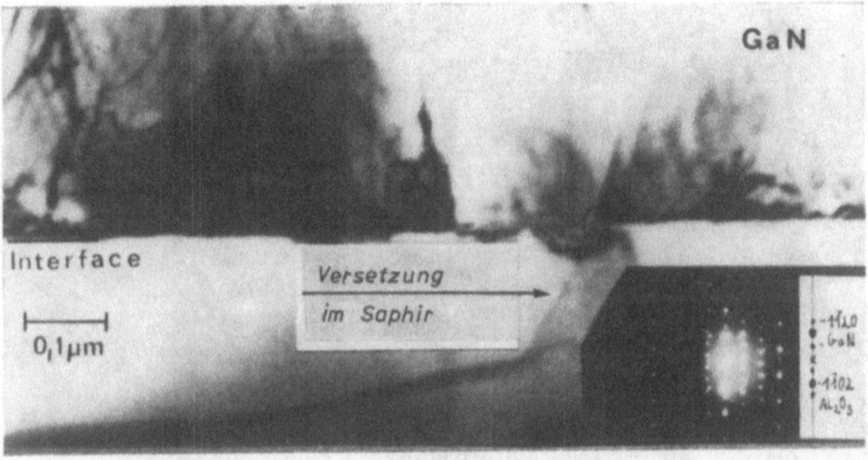

Abb. 33. Versetzungsstruktur in Galliumnitrid an der Grenzfläche des Systems Galliumnitrid auf Saphir
$(1\bar{1}\bar{2}0)$-GaN || $(10\bar{1}2)$-Al_2O_3

3.4.2. Das System epitaktische Galliumnitridschicht auf Spinell

Die Verwachsungspartner des Systems epitaktische Galliumnitridschicht auf Spinell besitzen unterschiedliche Kristallstrukturen: Spinell ist kubisch und kristallisiert in der Raumgruppe Fd3m; Galliumnitrid hat dagegen eine hexagonale Kristallstruktur vom Wurtzittyp. Deshalb sind die Verwachsungsbedingungen für dieses System ungünstiger als im System GaN/Saphir. Durch geeignete Auswahl der Wachstumsfläche des Substrates können die Epitaxiebedingungen jedoch verbessert werden. Als günstig haben sich folgende Orientierungsbeziehungen erwiesen: (0001)-GaN || (111)-$MgAl_2O_4$; $\langle 1\bar{2}10\rangle$-GaN || $\langle \bar{1}10\rangle$-$MgAl_2O_4$. Bei einer (111)-Orientierung des $MgAl_2O_4$ bilden die Mg-Atome eine hexagonale Struktur. Koinzidieren die Mg-Atome mit der hexagonalen Anordnung der Gallium- und Stickstoffatome in der (0001)-Basisfläche des GaN, dann beträgt die theoretische Fehlpassung der Verwachsungspartner 2,8 %.

Die Epitaxieschichten wurden wiederum mit dem Verfahren der Gasphasenätzung bei Temperaturen zwischen 850 °C und 950 °C (Anfangstemperatur) hergestellt [101]. Für die querschnittspräparierten Proben wurde eine Elektroneneinstrahlrichtung in der Nähe der Pole B = $[2\bar{1}\bar{1}0]$-GaN und B = [011]-$MgAl_2O_4$ gewählt. Abbildung 34 zeigt die typische, komplexe Defektstruktur an der Grenzfläche in GaN, die aus Zwillingsdefekten, die unmittelbar an der Grenzfläche beginnen, und aus Zwillingsgrenzen, Stapelfehlern und Versetzungen in der Nähe der Grenzfläche besteht. Direkt an

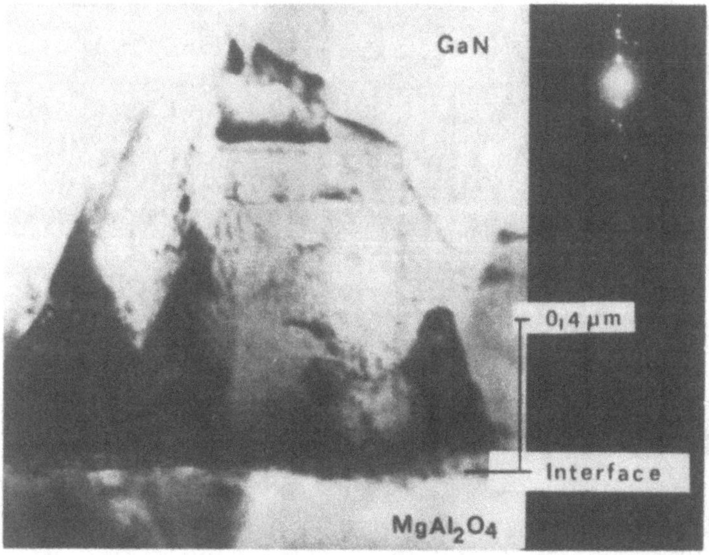

Abb. 34. Komplexe Grenzflächendefektstruktur (Versetzungen, Stapelfehler, Zwillinge) im Galliumnitrid des Systems (0001)-GaN || (111)-$MgAl_2O_4$

der Grenzfläche wurden keine Versetzungen beobachtet. Die Defektdichte nimmt mit wachsender Schichtdicke von der Grenzfläche her deutlich ab. Vorherrschende Defekte sind Zwillingslamellen auf den (0001)-, $(01\bar{1}1)$- und $(01\bar{1}2)$-Ebenen. Parallel zur Grenzfläche verlaufende Zwillingsgrenzen zeigt Abbildung 35. Die Beugungsbilder enthalten Zusatzreflexe, die den Zwillingsstrukturen entsprechen. Eine bemerkenswerte Defektstruktur im GaN, direkt an der Grenzfläche, wird in den Abbildungen 36 und 37 vorgestellt. Es handelt sich – wie im System Silicium auf Spinell – um mehrfachverzwillingte Teilchen (MTP) in einer Ausdehnung von etwa 150 nm. Die Beugungsreflexe weisen eine komplizierte Anordnung auf, deren Indizierung nur mit Hilfe der Computersimulation möglich scheint. Abbildung 37 ist eine Dunkelfeldabbildung derselben Teilchen, sie ist mit Zusatzreflexen erzeugt worden. Einzelne entsprechende Flächen der MTP erscheinen im hellen Kontrast. Bei einer theoretischen Fehlpassung von 2,8 % wurden für dieses System vor allem Zwillingslamellen als Anpassungsdefektstruktur erwartet. Die Querschnittsabbildungen zeigen eine zusätzliche mehrfachverzwillingte Struktur an der Grenzfläche. Ein möglicher Grund für diese Defektstruktur ist in der Kristallqualität des Spinells zu suchen. Es wurden nichtstöchiometrische Verneuilspinelle mit einem Mischungsverhältnis von MgO zu Al_2O_3 von 1 zu 3,5 verwendet. Für diesen Fall treffen die theoretischen Anpassungsverhältnisse

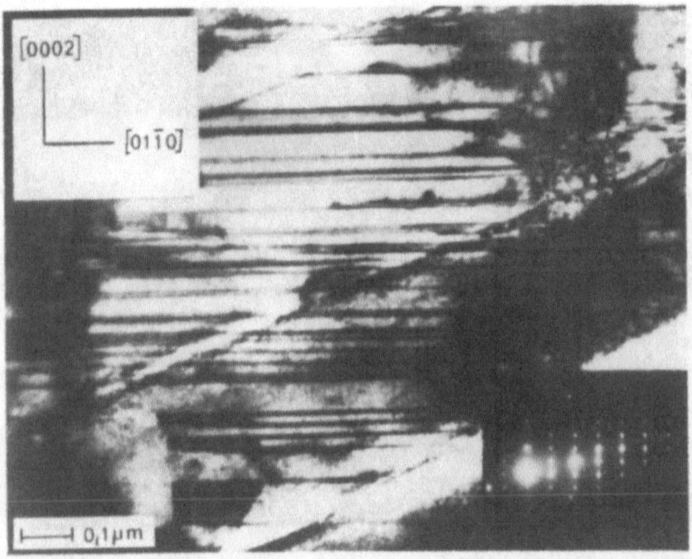

Abb. 35. Zwillingsgrenzen, auf den (0001)-Ebenen des Galliumnitrids liegend, im System (0001)-GaN || (111)-$MgAl_2O_4$

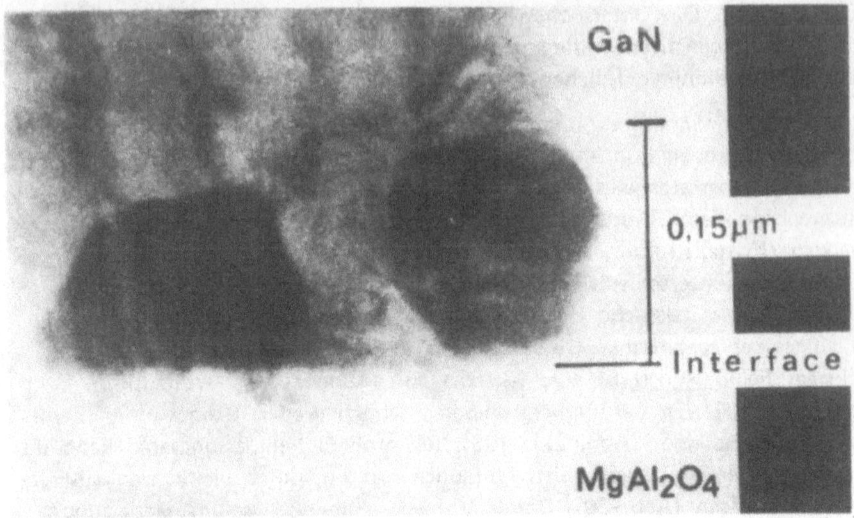

Abb. 36. Vielfachverzwillingte Teilchen (MTP) im Galliumnitrid an der Grenzfläche des Systems (0001)-GaN || (111)-$MgAl_2O_4$

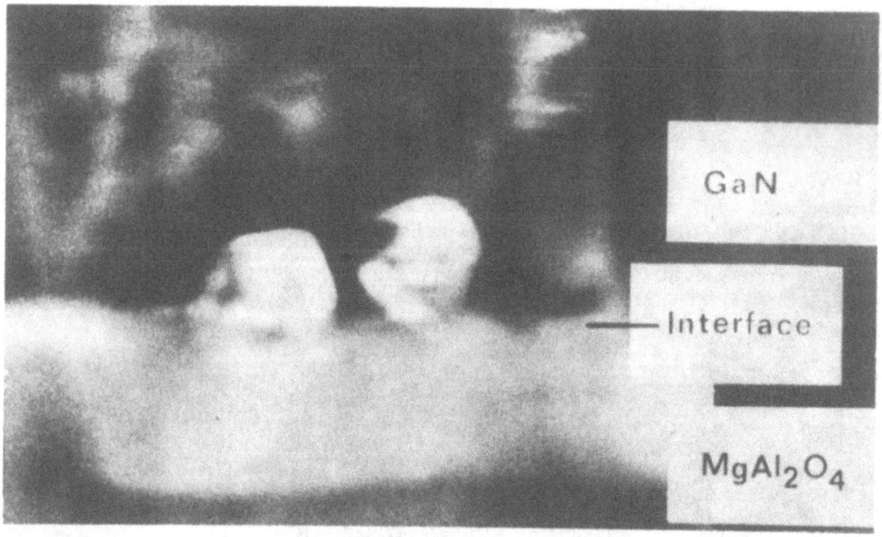

Abb. 37. Dunkelfeldabbildung von vielfachverzwillingten Teilchen (MTP) an der Grenzfläche im Galliumnitrid (vgl. Abb. 36)

nicht mehr zu. Die Untersuchungen zeigen, daß sich die GaN-Epitaxieschicht auch unter ungünstigen Bedingungen an ihre Unterlage durch die Bildung mehrfachverzwillingter Teilchen anpaßt.

Die elektronenmikroskopischen Untersuchungsergebnisse an querschnittspräparierten Proben können bezüglich des Wachstums halbleitender Schichten auf Isolatorsubstraten wie folgt zusammengefaßt werden:
Entsprechend dem Fehlpassungsgrad, der sich aus den geometrischen Unterschieden (Kristallstruktur, Gitterkonstanten) und den auftretenden Spannungsverhältnissen (unterschiedliche thermische Ausdehnungskoeffizienten) ergibt, paßt sich die epitaktische Halbleiterschicht an ihre Unterlage durch die Erzeugung einer spezifischen Defektstruktur in der Phasengrenzfläche an. Bei geringem Fehlpassungsgrad geschieht die Anpassung durch Versetzungen (Abb. 32) [102], ist der Fehlpassungsgrad jedoch größer, dann werden Zwillingslamellen gebildet (Abb. 22) [103]. Bei großem Fehlpassungsgrad kann die Anpassung, wie die Querschnittsabbildungen zeigen, durch vielfachverzwillingte Teilchen erfolgen (Abb. 30). Dieser Vorgang wäre als „Volumenanpassung" zu bezeichnen [104].

4. HREM-Untersuchungen von querschnittspräparierten Halbleiter/Oxid-Grenzflächen

4.1. Bemerkungen zur HREM

Einige spezielle Fragestellungen der Halbleiterforschung und der Grenzflächenphysik erfordern es, die Morphologie von Grenzflächenbereichen mit atomarer Auflösung zu beschreiben. Für das Verständnis einiger epitaktischer Wachstumsmechanismen ist beispielsweise die Kenntnis der Struktur von Anpassungsversetzungen bzw. die Identifizierung von Fremdphasen in der Grenzfläche notwendig (s. Kapitel 1). Auch zur Charakterisierung der elektronischen und mechanischen Eigenschaften polykristalliner Siliciumfilme muß z. B. nicht nur die Korngröße, sondern auch die Struktur der Korngrenzen bestimmt werden. Desgleichen ist für chemische Festkörperreaktionen die kristallographische Aufklärung der Grenzbereiche bzw. des Phasenüberganges in atomaren Größenordnungen von erheblichem Interesse.

Für derartig spezielle Untersuchungen von Grenzflächen ist die hochauflösende Elektronenmikroskopie (High Resolution Electron Microscopy – HREM) besonders geeignet, da sie es gestattet, Kristallgitter mit einer lateralen Auflösung von etwa 0,3 nm abzubilden. Gegenüber dem konventionellen Beugungskontrast wird das elektronenmikroskopische Bild mit dieser Methode durch Interferenz der gebeugten Elektronenstrahlen mit dem ungebeugten Strahl in der Bildebene erzeugt. Hierdurch werden Phasenverschiebungen, die sowohl durch den Beugungsprozeß im idealen Gitter als auch in gestörten Kristallbereichen hervorgerufen werden, als Intensitäten sichtbar. Unter speziellen Bedingungen können diese Bilddetails direkt mit der Gitterstruktur korreliert werden. Als ein Beispiel hierfür zeigt Abbildung 38 die Netzebenenaufnahme einer Korngrenze in einer Siliciumprobe, die nach Ionenimplantation verschiedenen Ausheilprozessen unterworfen wurde. Die hellen Punkte entsprechen den Positionen von in Strahlrichtung liegenden Si-Atomreihen, die Streifen im Nachbarkorn von (111)-Ebenen mit einem Abstand von 0,31 nm. In der Aufnahme sind ferner durch die Probenbehandlung hervorgerufene Zwillingslamellen erkennbar, die in der Korngrenze nur geringe Anpassungsverspannungen erzeugen.

Die hochauflösende Elektronenmikroskopie wird seit etwa fünfzehn Jahren erfolgreich in der Festkörperphysik und den Materialwissenschaften angewendet.[1] Ermöglicht wurde dies einerseits durch eine neue Generation von Mikroskopen, die sich durch geringe Linsenfehler und hohe mechanische und elek-

1 s. R. Hillebrand u. a.: Bildinterpretation in der Hochauflösungs-Elektronenmikroskopie, Beiträge zur Forschungstechnologie, Band 11, Akademie-Verlag, Berlin 1984.

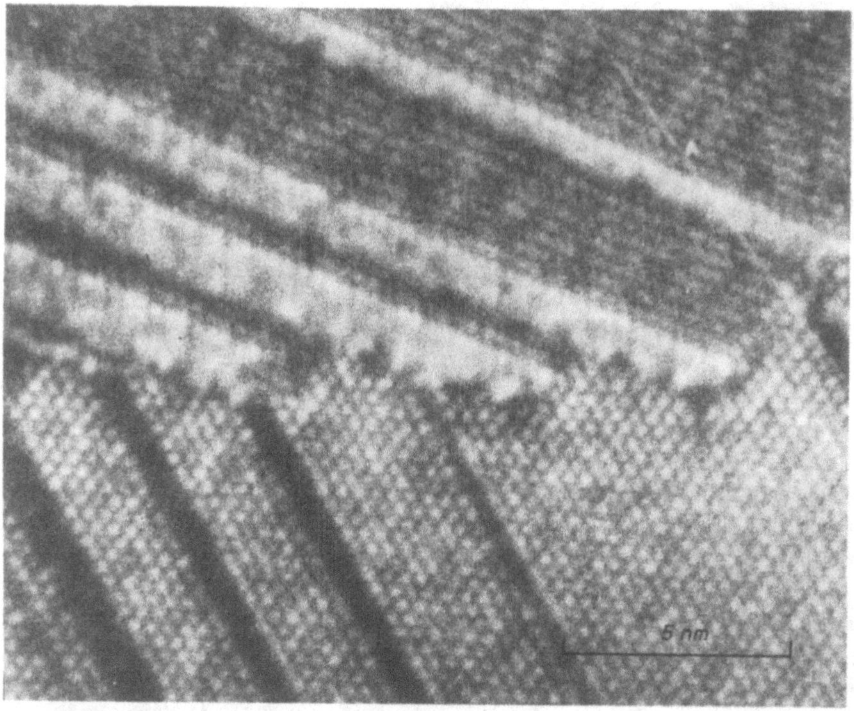

Abb. 38. Netzebenenaufnahme einer Korngrenze in einem ionenimplantierten, anschließend Laser- und thermisch ausgeheilten Si-Kristall

trische Stabilität auszeichnen. Andererseits wurden neue Präparationstechniken entwickelt, die den gestiegenen Anforderungen an die Qualität der mikroskopischen Präparate gerecht werden.

Dazu angestellte Analysen haben gezeigt, daß die erwähnte hohe Auflösung nur dann erreicht werden kann, wenn die durchstrahlbaren Bereiche nicht dicker als etwa 20 nm sind, die Orientierung des Kristalls bezüglich einer niedrig indizierten Gitterachse mit einer Genauigkeit von etwa 10^{-3} rad gewährleistet werden kann und die Probenoberfläche eine geringere Rauhigkeit als 1 nm aufweist. Diese Beschränkungen bewirkten, daß über längere Zeit elektronenmikroskopische Kristallgitterabbildungen hauptsächlich an Proben kompakter Materialien, weniger an Schichtsystemen bzw. Phasengrenzen vorgenommen werden konnten.

Einige Beispiele aus dem Problemkreis Halbleiter/Oxid-Grenzfläche sollen die Möglichkeiten von HREM-Untersuchungen demonstrieren. Es sei darauf hingewiesen, daß solche Analysen von Interfaces an einer Vielzahl von Schichtsystemen zunehmend erfolgreich angestellt werden (vgl. z. B. [105–107]).

4.2. HREM-Untersuchungen von Ge/GeO_2- und Si/SiO_2-Grenzflächen

Oxidationsschichten können durch unterschiedlichste Technologien auf Halbleitersubstraten entstehen, wie thermische Oxidation, Implantation von Sauerstoff oder Aufsputtern des Oxidmaterials. Entsprechend differenziert ist die Morphologie der Grenzflächen. Abbildung 39 zeigt eine Vielstrahlaufnahme der Interface im System Ge/GeO_2, wofür der Oxidfilm durch thermische Oxidation des Germaniumkristalls unter Gleichgewichtsbedingungen gebildet worden ist [108]. Die Reaktionsbedingungen wurden so gewählt, daß sich bei den beiden parallel ablaufenden Reaktionen $Ge + O_2 \rightarrow GeO_2$ und $GeO_2 + Ge \rightarrow 2\ GeO \uparrow$ eine konstante Stärke des GeO_2-Films einstellte. Der Germaniumkristall, der sich für die Aufnahme in einer ⟨110⟩-Orientierung befand, ist durch die (111)-Netzebenenscharen mit einem Abstand von 0,32 nm charakterisiert; der amorphe GeO_2-Film wird in solchen Vielstrahlabbildungen als granulatartiger Kontrast wiedergegeben. Die Untersuchungen zeigten, daß sich als Reaktionsgrenzflächen (111)-Ebenen herausbilden, ein Ergebnis, das auch bei Oxidationsexperimenten an Siliciumkristallen gefunden wurde.

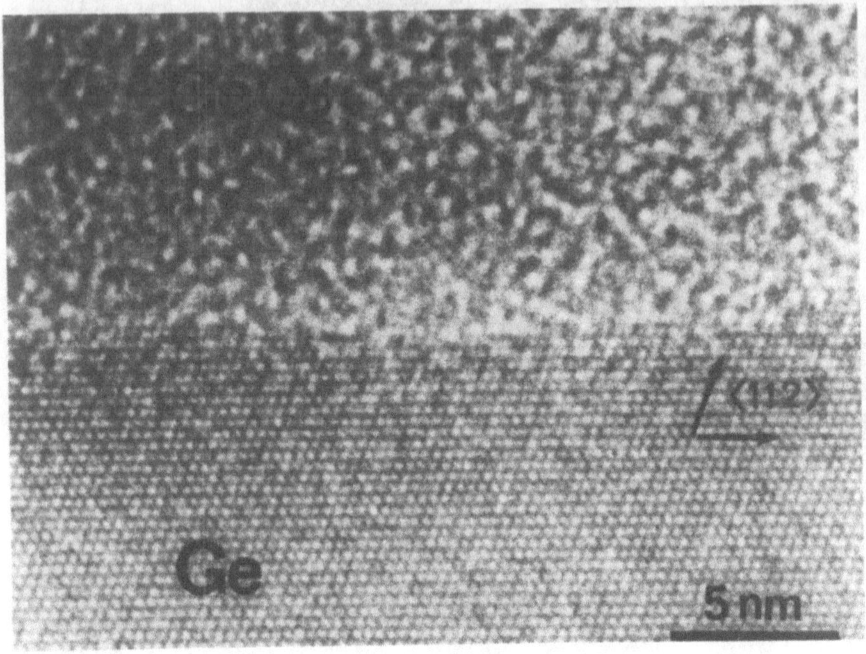

Abb. 39. HREM-Aufnahme einer Ge/GeO_2-Grenzfläche. Das Ge-Kristallgitter ist durch die (111)-Ebenen mit einem Abstand von 0,3 nm repräsentiert, der amorphe Oxidfilm als granulatartiger Kontrast

Eine Verbesserung des Kontrastes solcher Netzebenenaufnahmen läßt sich mit der Dunkelfeldabbildungstechnik (DF) erreichen. Während DF-Aufnahmen in der konventionellen Elektronenmikroskopie durch Abbildung mit einem einzelnen gebeugten Strahl erfolgen, entsteht die Hochauflösungs-DF-Abbildung durch Interferenz mehrerer gebeugter Strahlen in der Bildebene.

Als Beispiel dazu zeigt Abbildung 40 die Dunkelfeldaufnahme einer (111)-Grenzfläche im System Ge/GeO_2, wobei auch in diesem Fall der Ge-Kristall nach ⟨110⟩ orientiert ist. Die hellen Punkte entsprechen den Positionen von jeweils zwei benachbarten, in Strahlrichtung liegenden Atomreihen; amorphe Strukturen werden auf Grund fehlender kristalliner Strukturen als dunkler Kontrast wiedergegeben. Die Auswertung solcher Aufnahmen zeigt, daß sich die Netzebenenabstände bis in die Grenzfläche hinein nicht verändern, d. h., es existiert kein Übergangsbereich von der kristallinen zur amorphen Phase. Die gleiche Struktur des Phasenübergangs ergibt sich bei Oxidationsexperimenten bei hohen Temperaturen im Ungleichgewichtszustand [109]. Die DF-Aufnahme einer solchen Reaktionsgrenzfläche enthält Abbildung 41. Ein charakteristisches Merkmal ist hier die hohe Dichte deutlich ausgeprägter Ober-

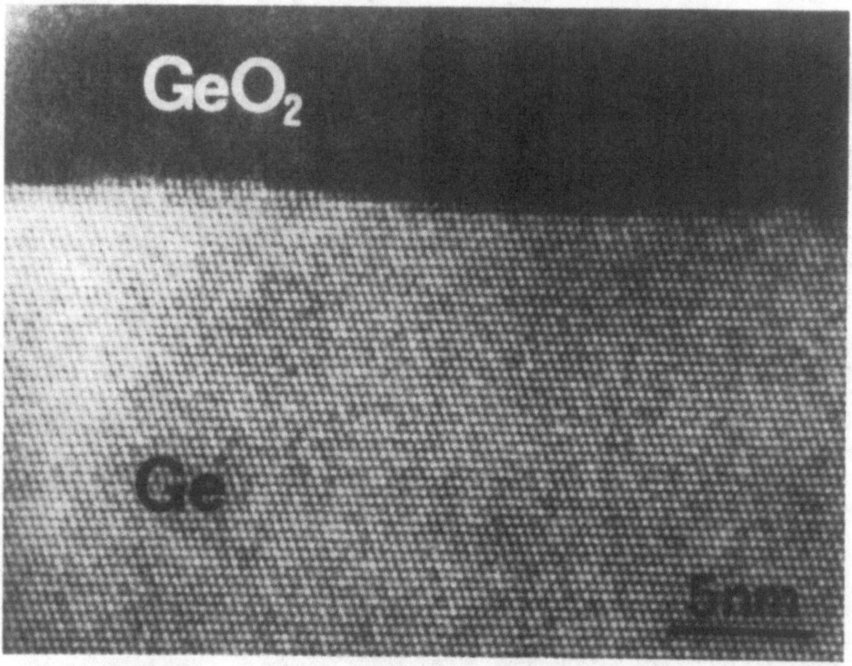

Abb. 40. Dunkelfeldhochauflösungsaufnahme einer (111)-Ge/GeO_2-Grenzfläche. Die Projektionen der Ge-Atome sind als helle Punkte sichtbar; der amorphe Film erscheint als dunkler Bereich

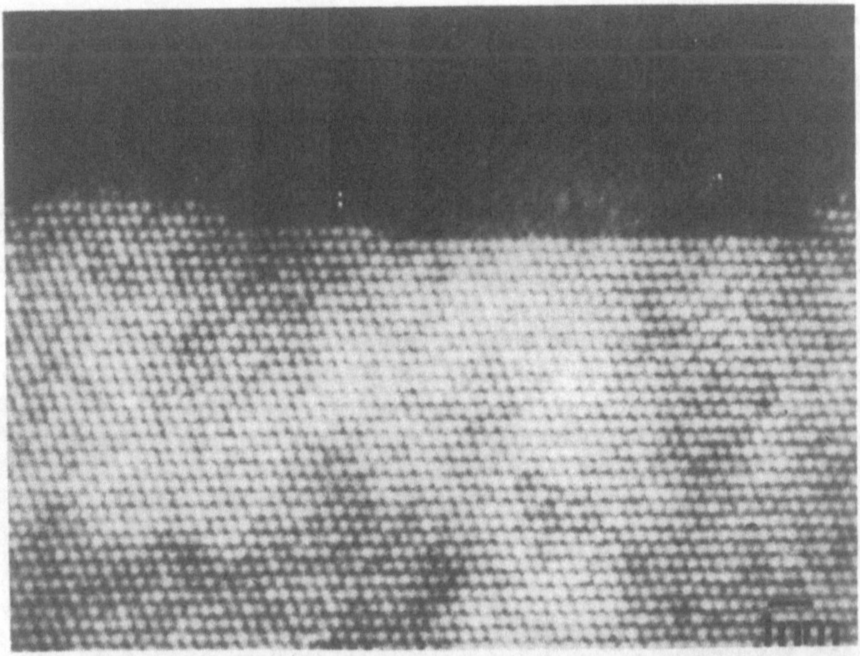

Abb. 41. Dunkelfeldhochauflösungsaufnahme einer Ge/GeO_2-Grenzfläche, die (111)-Oberflächenstufen aufweist

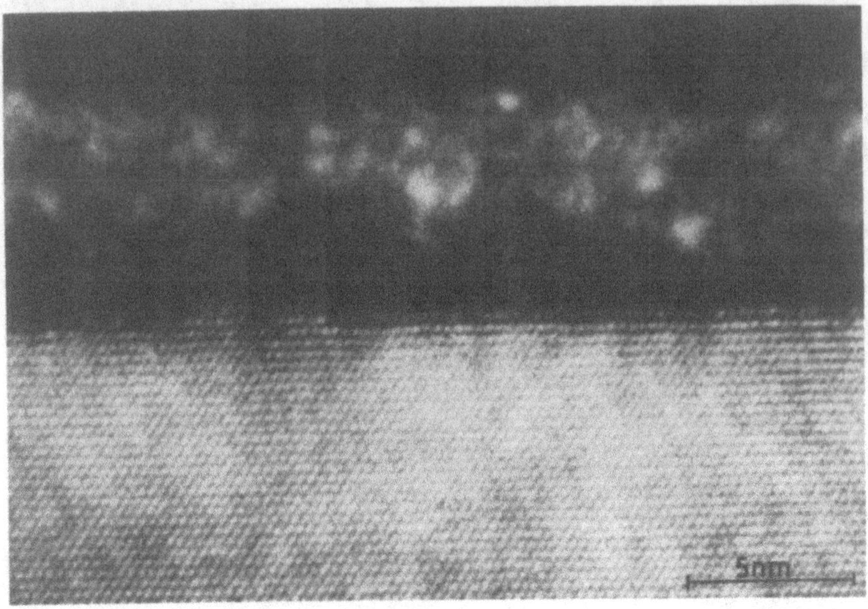

Abb. 42. Dunkelfeldaufnahme einer Si/SiO_2-Interface. ⟨110⟩-Orientierung des Si-Kristalls

flächenstufen mit Höhen bis zu etwa 1 nm. Ähnliche Ergebnisse werden auch an dem durch Oxidationsprozesse erzeugten System Si/SiO_2 gefunden, und zwar sowohl für anodisch-oxidierte Proben als auch für solche, die unter technologietypischen Reaktionsbedingungen hergestellt werden. In der in Abbildung **42** wiedergegebenen Interface besteht die Grenzfläche aus $(\bar{1}11)$-Ebenen, wobei die Helligkeitsschwankungen in der obersten Si-Schicht auf teilweise durch den Oxidationsprozeß herausgelöste Si-Atome zurückzuführen sind. Ansonsten lassen sich auch hier keine Gitterverzerrungen nachweisen. Ein Beispiel für die Analyse des Anpassungsmechanismus zwischen zwei kristallinen Komponenten zeigt Abbildung **43**. Es handelt sich um das System Ge/GeO_2, wobei das in der hexagonalen Phase vorliegende Oxid im Verlauf einer topotaktischen Reaktion gebildet wurde (s. auch [108]). Aus der Netzebenenaufnahme lassen sich die Orientierungsbeziehungen der beiden Gitter und die Grenzflächennormale direkt bestimmen. Des weiteren sind in dieser Querschnittsaufnahme der atomar glatten Interface Spannungsfelder mit einer Periode von 11 nm sichtbar, die speziellen Anpassungsversetzungen zugeordnet werden können.

Abb. 43. Grenzfläche zwischen einem ⟨110⟩-orientierten Ge-Kristall und der ⟨10.0⟩-orientierten hexagonalen GeO_2-Phase

4.3. Kristall/Oxid-Grenzflächen von binären Halbleitern

Gegenüber Silicium und Germanium zeigen die Hochauflösungsuntersuchungen an binären Halbleitern eine Struktur der Oxidationsgrenzfläche, die durch nachstehende Merkmale charakterisiert ist: Die Flächen zwischen dem kristallinen Substrat und dem amorphen Oxid sind relativ rauh; es werden Stufenhöhen bis zu etwa zehn Gitterebenen beobachtet. Als ein Beispiel hierfür zeigt Abbildung 44 die Interface im System InAs/Oxid. Die hellen Punkte im kristallinen Material entsprechen den über eine Probendicke von etwa 15 nm projizierten In- und As-Atomen; der amorphe Oxidfilm wird in dieser DF-Aufnahme ebenfalls als dunkler Bereich wiedergegeben. Auch bei diesen Oxidationsexperimenten wurden hauptsächlich (111)-Ebenen als Reaktionsgrenzflächen vorgefunden. Weiterhin folgt aus den Querschnittsaufnahmen, daß die Interface in solchen Systemen durch einen Übergangsbereich zwischen kristalliner und amorpher Phase gekennzeichnet ist. Im Fall der (110)-Grenzfläche in GaAs beträgt diese Zwischenschicht, in der sich das Kristallgitter „auflöst", etwa 1 nm (s. Abb. 45). Es kann angenommen werden,

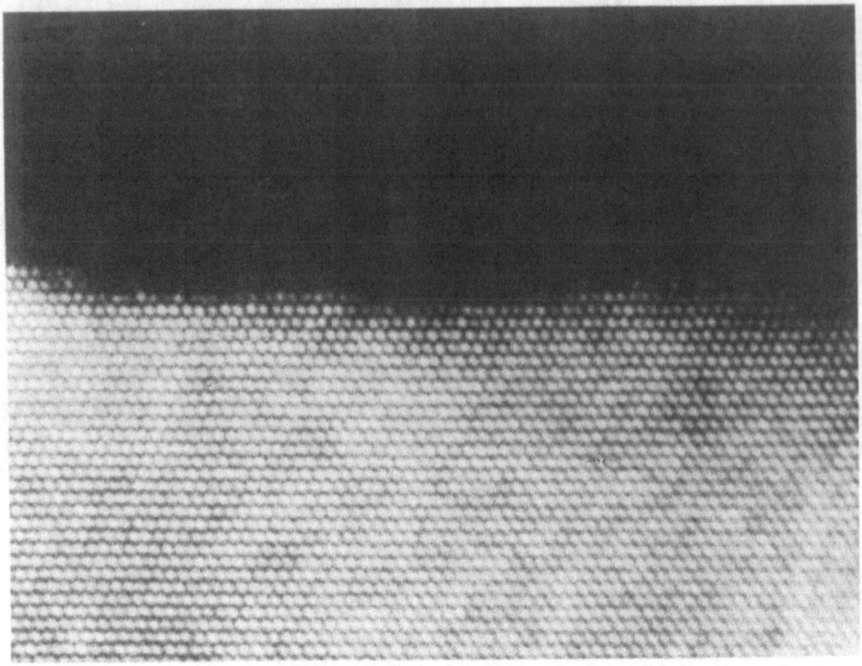

Abb. 44. Dunkelfeldnetzebenenaufnahme der Grenzfläche InAs/Oxid

daß die Strukturveränderungen, die sich durch Vermessung der Bilddetails ermitteln lassen, durch die Diffusion und den Einbau von Sauerstoffatomen während des Oxidationsprozesses hervorgerufen werden.

Die Interpretierbarkeit solcher Strukturveränderungen des Kristallgitters, wie sie in HREM-Aufnahmen abgebildet werden, sei am Beispiel von InSb/Oxid demonstriert [110]. Da der Kontrast der Bilddetails in den Netzebenenaufnahmen nicht nur von den Streuprozessen des abbildenden Elektronenstrahls in der Probe, sondern auch von den Abbildungsbedingungen im Elektronenmikroskop (Linsenfehler, Defokussierung der Objektivlinse) abhängt, müssen diese Verhältnisse bei der Auswertung der Fotoplatten berücksichtigt werden. In vielen Fällen erweist es sich als notwendig, die experimentellen Ergebnisse mit theoretischen Kontrastberechnungen zu vergleichen. Die rechnerische Simulation des Streu- und Abbildungsprozesses von Vielstrahlaufnahmen greift hierfür zumeist auf den „multi-slice"-Algorithmus zurück, der eine quasi-dynamische Streutheorie beinhaltet (s. z. B. [111]). Dadurch konnten in den letzten Jahren eine Reihe von Grenzflächenphänomenen, speziell an Silicid-Interfaces, aufgeklärt werden (s. z. B. [112]).

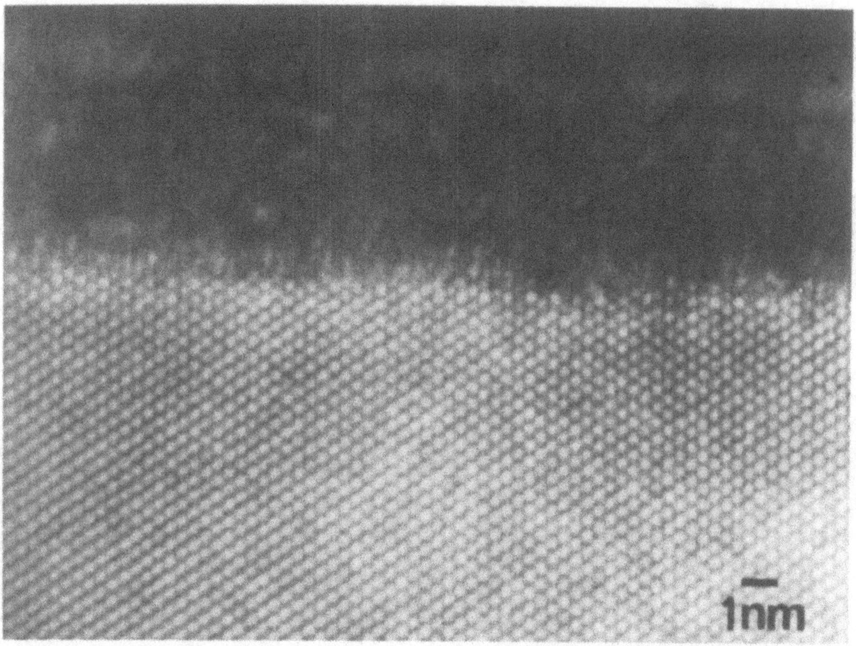

Abb. 45. Dunkelfeldnetzebenenaufnahme der GaAs/Oxid-Interface. Deutlich ist der Auflösungsbereich des Gitters an der Grenzfläche beider Phasen

Die InSb-Kristalle wurden thermisch so oxidiert, daß in Verbindung mit einer chemischen Ätzung Querschnittspräparate entstanden, mit einer für HREM-Experimente ausreichenden Qualität. In Abbildung 46 ist die DF-Aufnahme einer solchen Reaktionsgrenzfläche zu sehen, wobei – wie in obigen Beispielen – der amorphe Oxidfilm als dunkler Bereich erscheint. Auffallend ist wieder die Oberflächenrauhigkeit von bis zu 3 nm. Die (111)-Ebenen parallel zur Grenzfläche haben einen Abstand von 0,37 nm; die hellen Punkte entsprechen jeweils zwei benachbarten Reihen von In- und Sb-Atomen. Die Ausmessung der Atomposition ergibt, daß in den beiden oberen (111)-Ebenen Verschiebungen von der Normallage bis zu 0,1 nm auftreten. Diese Gitteraufweitung ist auf Oxidkomplexe zurückzuführen, deren Struktur mit Hilfe der HREM-Aufnahmen näher bestimmt werden kann. Unter Zuhilfenahme von Elementanalysen in der Grenzregion (AUGER-Spektroskopie, SIMS) wurde ein Strukturmodell der Oxidationsgrenzfläche entwickelt (Abb. 47). Danach werden in einer Schicht von ein bis zwei Gitterebenen In_2O_3-Komplexe gebildet; Antimon liegt hierbei teilweise atomar frei vor und wird erst im späteren Verlauf der Reaktion zu Sb_2O_3 umgewandelt. Die In_2O_3-Komplexe, von denen zwei eingezeichnet sind (O-Atome als schwarze Kreise), bewirken eine Verzerrung der Nachbarebenen (mit Pfeilen markiert), wobei die rechnerische Simulation Werte ergibt, die mit den experimentell ermittelten gut übereinstimmen.

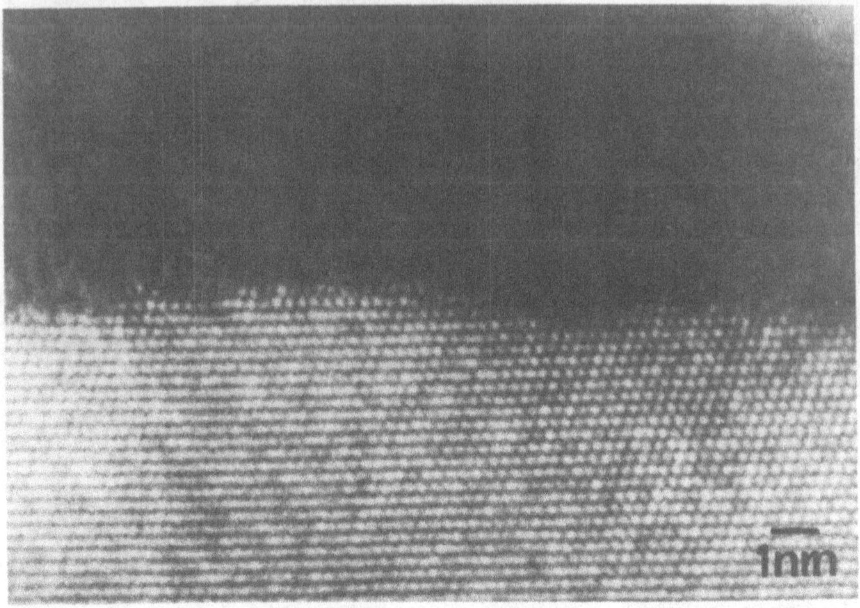

Abb. 46. Dunkelfeldaufnahme einer InSb/Oxid-Grenzfläche. Die Atompositionen sind in den oberen Gitterschichten um bis zu 0,1 nm verschoben

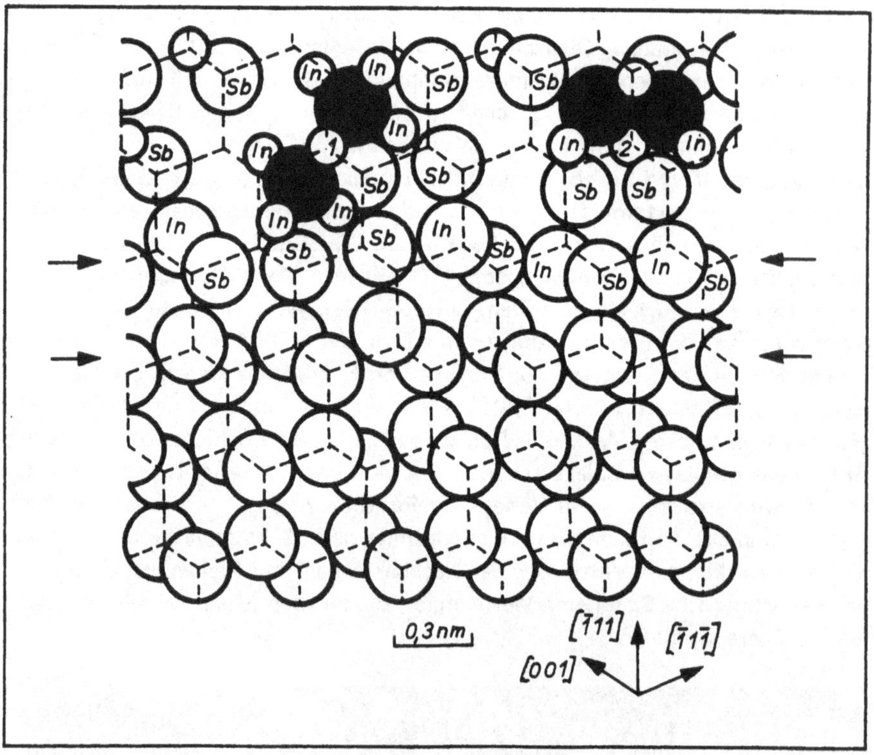

Abb. 47. Strukturmodell der Grenzflächenregion InSb/Oxid. Die Pfeile markieren die durch den Einbau von Sauerstoffatomen verzerrten (111)-Ebenen

5. Abkürzungsverzeichnis

TEM	Transmissionselektronenmikroskop(ie)
HREM	High resolution electron microscopy
HEM	Höchstspannungselektronenmikroskop(ie)
m	natürliche Fehlpassung (misfit)
$\bar{m}$	effektive Fehlpassung
a_s, a_d	bulk-Parameter von Substrat bzw. Deposit
$\bar{a}_s$, $\bar{a}_d$	effektive Gitterparameter von Substrat bzw. Deposit
h_d	Depositdicke
h_s	Substratdicke
MOS	Metal oxide semiconductor
E	Energie (Ionenenergie)
D	Ionendosis
T_a	Ausheiltemperatur
t_a	Ausheilzeit
T_i	Implantationstemperatur
R_p	projizierte Reichweite implantierter Ionen
ρ	Versetzungsdichte
v	Geschwindigkeit der Kristallisationsfront
τ	Pulsdauer (Laser)
λ	Wellenlänge (Laser)
SOI	Silicon on insulator
DF	Dunkelfeldabbildung
HF	Hellfeldabbildung
a-Si	amorphes Silicium
poly-Si	polykristallines Silicium
c-Si	einkristallines Silicium
RT	Raumtemperatur
RBS	Rutherford-Rückstreuspektrometrie
SOS	Silicon on Sapphire
MTP	Multiply Twinned Particles
CVD	Chemical Vapour Deposition

6. Abbildungsverzeichnis

7. Literatur

[1] Woltersdorf, J., Thin Solid Films **85** (1981) 241

[2] Woltersdorf, J., Pippel, E., Thin Solid Films **116** (1984) 77

[3] Woltersdorf, J., Appl. Surf. Sci. **11/12** (1982) 495

[4] Woltersdorf, J., in: „Strukturen kristalliner Phasengrenzen – Elektronenmikroskopischer Bildkontrast", eds.: H. G. Schneider und J. Woltersdorf, Deutscher Verlag für Grundstoffindustrie, Leipzig 1977, S. 15

[5] Sinclair, R., Ponce, F. A., Yamashita, T., Bravman, J. C., 39th Ann. Proc. Electron Microscopy Soc. Amer., ed.: W. Bayley; Atlanta, Georgia 1981, p. 124

[6] Lidbury, D. P. G., Pettit, H. R., Booker, G. R., Electron. Eng., London, **43** (1971) 50

[7] Krell, A., Woltersdorf, J., Pippel, E., Schulze, D., Phil. Mag. **A 51** (1985) 765

[8] Krell, A., Pippel, E., Woltersdorf, J., Phil. Mag. **A 53** (1986) L 11–L 16

[9] Krivanek, O. L., Sheng, T. T., Tsui, D. C., Appl. Phys. Lett. **32** (1978) 437

[10] Abrahams, M. S., Hutchinson, J. L., Booker, G. R., phys. stat. sol. (a) **63** (1981) K 3

[11] Soa, E. A., Jenaer Jahrbuch 1963 II, S. 377

[12] Crockett, C. G., Vacuum **23** (1972) 11

[13] Ghander, A. M., Fitch, R. K., Vacuum **24** (1974) 483

[14] Franks, J., Ghander, A. M., Vacuum **24** (1974) 489

[15] Alexander, V., et al., Rad. Effects **59** (1982) 183

[16] Barna, A., Proc. of the 8th Eur. Congr. on Electron Microscopy, Budapest 1984, p. 107

[17] Abrahams, M. S., Buiocchi, C. J., J. Appl. Phys. **45** (1974) 3315

[18] Abrahams, M. S., Buiocchi, C. J., Appl. Phys. Lett. **27** (1975) 325

[19] Sadana, D. K., Wilson, M. C., Booker, G. R., J. Microsc. **118** (1980) 51

[20] Fletcher, J., Booker, G. R., Proc. 9th Int. Congr. on Electron Microsc., Toronto 1978, p. 364

[21] Sadana, D. K., Strathman, M., Washburn, J., Booker, G. R., J. Appl. Phys. **51** (1980) 5718

[22] Sheng, T. T., Marcus, R. B., J. Electrochem. Soc. **127** (1980) 737

[23] Henghuber, G., Oppolzer, H., Schild, S., Siemens Forsch.- u. Entwickl.-Ber. **9** (1980) 363

[24] Gaboriaud, R. J., J. Electron Mater. **12** (1983) 837

[25] Vanhellemont, J., et al., Ultramicroscopy **11** (1983) 303

[26] Bravman, J. C., Sinclair, R., J. of Electron Microsc. Techn. **1** (1984) 53

[27] Garulli, A., Vanzi, M., Giannini, M., Armigliato, A., Ultramicroscopy **12** (1984) 106

[28] Nutt, S., Arizona State University School 1985

[29] Garulli, A., Armigliato, A., Journ. Microsc. Spectrosc. Electron. 1985 (in press)

[30] Hauffe, W., wie [16], p. 105

[31] Niedrig, H., Extend. Abstracts of the Hungarian-Austrian Conference on Electron Microscopy, Balatonaliga 1985, p. 35

[32] Hauffe, W., Proc. of the 15th Czechoslovak Conf. on Electron Microscopy, Prague 1977, p. 514

[33] Linders, J., Niedrig, H., Sternberg, M., Nucl. Instr. Meth. in Phys. Res. **B2** (1984) 649

[34] Marcus, R. B., Sheng, T. T., Transmission Electron Microscopy of Silicon VLSI Circuits and Structures, John Wiley & Sons, New York 1983

[35] Oppolzer, H., Huber, V., Inst. Phys. Conf. Ser. No 67: Section 10 Oxford Conference on Microscopy of Semiconducting Materials 1983, p. 461

[36] Roberts, M. C., et al., wie [35], p. 467

[37] Chew, N. G., et al., wie [35], p. 473

[38] Vöhse, H., 11. Tagung „Elektronenmikroskopie", Dresden 1984, S. 63

[39] Vöhse, H., wie [16], p. 957

[40] Foti, G., Laser and Electron Beam Processing of Materials, eds.: C. W. White, P. S. Peercy, Academic Press, New York 1980, p. 168

[41] Vanhellemont, J., et al., wie [16], p. 955

[42] Oppolzer, H., Falckenberg, R., Doering, E., J. Microscopy **118** (1980) 97

[43] Bravman, J. C., Sinclair, R., Thin Solid Films **104** (1983) 153

[44] Bayles, R. A., Jesser, W. A., Micron **8** (1977) 37

[45] Krivanek, O. L., Sheng, T. T., Tsui, D. C., Appl. Phys. Lett. **32** (1978) 437

[46] Krivanek, O. L., J. Microscopy **119** (1980) 1

[47] Krivanek, O. L., Mazur, J. H., Appl. Phys. Lett. **37** (1980) 392

[48] Eisenberg, M., Föll, H., Tu, K. N., Appl. Phys. Lett. **37** (1980) 547

[49] Föll, H., Ho, P. S., Tu, K. N., J. Appl. Phys. **52** (1981) 250

[50] Föll, H., Ho, P. S., Tu, K. N., Phil. Mag. **A45** (1982) 31

[51] Cherns, D., et al., Phil. Mag. **A45** (1982) 107

[52] Oppolzer, H., et al., J. Vac. Sci. and Technol. **B2** (1984) 630

[53] Narayan, J., J. Appl. Phys. **53** (1982) 8607

[54] Sadana, D. K., Proc. SPIE Int. Soc. Opt. Eng. **387** (1983) 110

[55] Narayan, J., Holland, O. W., Appleton, B. R., J. Vac. Sci. and Technol. **B1** (1983) 871

[56] Wu, N. R., Sadana, D. K., Washburn, J., Appl. Phys. Lett. **44** (1984) 782

[57] Holland, O. W., Narayan, J., Proc. of the Symp. on Ion Impl. and Ion Beam Processing of Materials, North-Holland, New York 1984, p. 235

[58] Narayan, J., Holland, O. W., J. Electrochem. Soc. **131** (1984) 2651

[59] Narayan, J., Fathy, D., Oen, O. S., Holland, O. W., Mater. Lett. **2** (1984) 211

[60] Byrne, P. F., et al., wie [57], p. 253

[61] Sadana, D. K., Sands, T., Washburn, J., wie [57], p. 311

[62] Campisano, S. U., Gibson, J. M., Poate, J. M., Appl. Phys. Lett. **46** (1985) 580

[63] Glaser, E., Götz, G., Sobolev, N., Wesch, W., phys. stat. sol. (a) **69** (1982) 603

[64] Czepregi, L., et al., Rad. Effects **28** (1976) 227

[65] Bartsch, H., Baither, D., Johansen, H., 11. Tagung „Elektronenmikroskopie", Dresden 1984, S. 66

[66] Johansen, H., Bartsch, H., Heydenreich, J., Lämmel, B., wie [65], S. 249

[67] Johansen, H., Bartsch, H., Lämmel, B., Exner, H., Int. Conf. on Energy Pulse Modification of Semiconducting and Related Materials, Dresden 1984, p. 169

[68] Narayan, J., White, C. W., Holland, O. W., Aziz, M. J., J. Appl. Phys. **56** (1984) 1821

[69] Johansen, H., Bartsch, H., Heydenreich, J., Lämmel, B., Cryst. Res. and Technol. **20** (1985) 499

[70] Bartsch, H., Andrä, G., Glaser, E., phys. stat. sol. (a) 1986 (in press)

[71] Andrä, G., Glaser, E., Götz, G., Bartsch, H., wie [67], p. 492

[72] Wagner, M., Glaser, E., Andrä, G., Götz, G., wie [67], p. 485

[73] Narayan, J., Pennycook, S. J., Fathy, D., Holland, O. W., J. Vac. Sci. and Technol. **A2** (1984) 1495

[74] Kreißig, U., et al., 7th Conf. on Ion Impl., Vilnius 1983

[75] Skorupa, W., et al., wie [74]

[76] Kreißig, U., Skorupa, W., Hensel, E., Thin Solid Films **100** (1983) L25

[77] Skorupa, W., Kreißig, U., Hensel, E., Bartsch, H., Electronic Letters **20** (1984) 426

[78] Holland, O. W., Sjoreen, T. P., Fathy, D., Narayan, J., Appl. Phys. Lett. **45** (1984) 1081

[79] Skorupa, W., et al., wie [67], p. 392

[80] Skorupa, W., et al., III. Symp. „Phys. Grundlagen zu Bauelemente-technologien der Mikroelektronik, Frankfurt/O. 1984, S. 32

[81] Abrahams, M. S., Buiocchi, C. J., Appl. Phys. Lett. **278** (1975) 325

[82] Booker, G. R., Proc. of the 8th Europ. Congr. on Electron Microscopy, Budapest 1984, p. 933

[83] Ponce, F. A., Defects in Semiconductors, eds.: Narayan and Tan, North-Holland-Inc. 1980

[84] Behrisch, R. (ed.), Sputtering by Particle Bombardment I—III Topics Appl. Phys., Springer-Verlag, Berlin—Heidelberg—New York 1981, 1983, 1984

[85] Francombe, M. H., Growth of Epitaxial Films by Sputtering in Epitaxial Growth, London 1975, p. 109

[86] Weissmantel, Ch., et al., Thin Solids Films **13** (1972) 359

[87] Cullen, G. W., Wang, C. C., Heteroepitaxial Semiconductors for Electronic Devices, Springer-Verlag, New York—Heidelberg—Berlin 1978

[88] Schneider, G., et al., Halbleiterepitaxie, Leipzig 1984

[89] Ponce, F. A., Aranovich, J., Appl. Phys. Lett. **38** (1981) 439

[90] Ponce, F. A., Appl. Phys. Lett. **41** (1982) 371

[91] Schneider, H. G., Krage, H., phys. stat. sol. (a) **77** (1983) 201

[92] Hoehl, D., Kästner, G., Proc. 8th Europ. Congr. on Electron Microscopy, Budapest 1984, p. 469

[93] Ino, S., J. Phys. Soc. Japan **21** (1966) 346

[94] Ogawa, S., Ino, S., in Advance in Epitaxy and Endotaxy, eds.: Schneider, H. G., Ruth, V., Leipzig 1981, p. 183

[95] Heinemann, K., Yacaman, M. J., Yang, C. Y., Poppa, M., J. Cryst. Growth **47** (1979) 177, 187, 274, 282

[96] Neumann, W., Gerstengarbe, H.-Ch., 11. Tagung „Elektronenmikroskopie", Dresden 1984, S. 148

[97] Gerstengarbe, H.-Ch., Neumann, W., 11. Tagung „Elektronenmikroskopie", Dresden 1984, S. 253

[98] Schlötterer, H., J. Vac. Sci. Technol. **13** (1976) 29

[99] Heimann, F. P., Appl. Phys. Lett. **11** (1967) 132

[100] Fitzl, G., Seifert, W., Tempel, A., Butter, E., Kristall und Technik **15** (1980) 1143

[101] Tempel, A., Seifert, W., Hammer, J., Butter, E., Kristall und Technik **10** (1975) 747

[102] Frank, F. C., Merwe, J. H. van der, Proc. Roy. Soc. (London) **A198** (1949) 205, 216

[103] Roitburd, A. L., phys. stat. sol. (a) **37** (1976) 329

[104] Gerstengarbe, H.-Ch., Abstr. 20th Course Int. Centre of Electron Microscopy „State and Prospects of High Voltage Electron Microscopy", Halle 1985, p. 25–26

[105] Cherns, D., et al., Phil. Mag. **A46** (1982) 849

[106] Gibson, J. M., Ultramicroscopy **14** (1984) 1

[107] Wood, S., et al., J. Appl. Phys. **55** (1984) 4225

[108] Werner, P., et al., Cryst. Res. & Technol. **19** (1984) 1589

[109] Pasemann, M., Pchelyakow, O. P., J. Cryst. Growth **58** (1982) 288

[110] Ziegler, M., Pchelyakow, O. P., Asseev, A. L., Proc. 8th Europ. Congr. Electr. Microsc., Budapest 1984, p. 237

[111] Goodman, P., Moodie, A. F., Acta Cryst. **A30** (1974) 280

[112] Krakow, W., Thin Solid Films **93** (1982) 109

8. Sachregister

9. Zusammenfassung

Die elektronenmikroskopische Querschnittsabbildung erweist sich in vielen Fällen der Interface- und Schichtcharakterisierung von Halbleitermaterialien als wesentliches, mitunter sogar als einzig aussagefähiges Untersuchungsverfahren.

Verschiedene, systemangepaßte Methoden der Querschnittspräparation und ihre Anwendungen auf zahlreiche Probleme der Struktur von Interfaces und Heterosystemen in Halbleitern werden vorgestellt, wobei sowohl die Querschnittsabbildung ionenimplantierter Siliciumschichten als auch spezielle Fragen der Schichtcharakterisierung (Phasenbildung, Schichtlage, Schichtdimension, Defektanordnung) behandelt werden. Außerdem wird über die Querschnittsabbildung epitaktischer Halbleiterschichten (auch in Verbindung mit in-situ Heizexperimenten) und über Untersuchungen zur Morphologie von Interface-Bereichen in atomarer Größenordnung mittels hochauflösender Elektronenmikroskopie berichtet.

9. Summary

In many cases of interface and multilayer investigations of semiconducting materials the electron microscopical imaging of cross-sections is the most powerful tool.

Different special preparation methods and their application to numerous problems of the structure of interfaces and of layer systems in semiconductors are presented. The cross-sectional imaging of ion-implanted silicon layers as well as special questions of layer characterization (phase formation, position of layer, layer dimension, distribution of defects) are treated. Moreover, the application of the presented methods is extended to the cross-sectional imaging of epitaxial semiconducting layers (also related to in-situ heating experiments) and investigations concerning the morphology of interfacial regions in an atomic scale using high resolution electron microscopy.

Резюме

Получение электронномикроскопических изображений с поперечных разрезов является важным, и часто даже единственным действенным методом исследования в случае характеризования границ раздела и слоёв полупроводников.
В книге представлены различные, подходящие для данной системы методы препарирования поперечных срезов и их применение к проблемам структуры границ раздела и гетеросистем в полупроводниках, причём, обсуждаются как получение изображений с поперечного сечения ионноимплантированных слоёв кремния, так и специальные характеристики слоёв [образование фаз, положение слоёв, размеры слоёв, распределение дефектов]. Кроме того, сообщаются данные по получению изображений с поперечного сечения эпитаксиальных полупроводниковых слоёв [также и в связи с in-situ-экспериментами по нагреванию] и по исследованию морфологии областей у границ раздела на атомном уровне посредством высокоразрешающей электронной микроскопии.

Nachwort der Herausgeber

Die Forschungstechnologie setzt die Methodik voraus und schließt sie ein. Physikalische und chemische Analyse im atomaren Bereich erfordern adäquate, hochempfindliche Methoden, wie sie u. a. durch elektronenoptische Mittel zugänglich sind. Angesichts des Trends zu Hoch- und Schlüsseltechnologien werden auch diese Methoden in die Produktionsweise eingehen und zu deren Überwachung, Kontrolle und Rationalisierung beitragen. Die Ausarbeitung der Methodik ist ausnahmslos Sache der Grundlagenforschung. Dies kann nicht neben der Produktionstechnologie geschehen, wenn die erforderliche Qualität gewährleistet sein soll. Auch solchen Erfordernissen der Grundlagenforschung widmet sich diese Schriftenreihe.

Mit dem Titel „Bildinterpretation in der Hochauflösungselektronenmikroskopie" (R. Hillebrand u. a., Band 11, 1984) ist ein erster Schritt hin zur Abbildung und strukturellen Analyse atomarer Dimensionen getan worden. In dem Band „Analytische Transmissionselektronenmikroskopie" (H.-D. Bauer, Band 13, 1986) wird die mit physikalischen (vorwiegend elektronenoptischen) Mitteln betriebene chemisch-analytische Charakterisierung von Festkörpern definierter Beschaffenheit beleuchtet: Auch dieser Methodenkomplex bewegt sich im atomaren Bereich, und 10^{-20} g eines Fremdelementes sind im günstigsten Falle nachweisbar. Es ist kaum anzunehmen, daß Hoch- und Schlüsseltechnologien, z. B. in der Mikro- und Optoelektronik, auf derart hochgezüchtete Methoden zukünftig verzichten können.

Mit dem Band „Elektronenmikroskopische Querschnittsabbildung" wird eine notwendige Ergänzung vollzogen, in dem deutlich gemacht wird, daß und wie Schichtstrukturen (Sandwichs, Tortenformationen) nun nicht mehr, wie bislang, nur „von oben", sondern auch von der Seite, eben im Querschnitt, abgebildet werden können. Die diffizile, aber perfekt beherrschbare Präparationstechnik gewährleistet, daß die Verwachsungsbeziehungen der beteiligten Partner, die Strukturen an den Grenzflächen – also auch Kriterien für eine gekonnte und saubere Herstellungstechnologie – im elektronenmikroskopischen Bilde einwandfrei erkannt werden können.

Da die Methoden der Hochauflösungs- und Analytischen Transmissionselektronenmikroskopie ebenfalls auf Querschnittspräparate anwendbar sind, ist zu erwarten, daß sich diese methodische Dreiecksbeziehung mehr und mehr zur Qualifizierung der Produktionsweise und der Produkte einschlägiger Industriezweige durchsetzt.

Für die Herausgeber
Dietrich Schulze

Band 14 *Frank Baldeweg, Arndt Lindner*
Rechnergestützte Analyse von Störungen

1986. XVI, 152 Seiten — 59 Abbildungen — 18 Tabellen — 14,5 × 21,5 cm — 22,— M
Bestell-Nr. 763 598 6 (2167/14)

Sonderband 1
Forschen und Nutzen
Wilhelm Ostwald zur wissenschaftlichen Arbeit

Aus seinen Schriften ausgewählt, bearbeitet und zusammengestellt anläßlich seines 125. Geburtstages von *Günter Lotz, Lothar Dunsch, Uta Kring* unter Mitarbeit von *Brigitte Millik*
Mit einem Geleitwort von *Peter Adolf Thiessen* und einer Einleitung von *Günter Lotz* und *Lothar Dunsch*

2., überarbeitete und erweiterte Auflage 1982.
L, 372 Seiten — 22 Textillustrationen aus den Originalschriften, 57 Abbildungen, davon 12 farbige, auf 49 Kunstdrucktafeln — 14,5 × 21,5 cm — Leinen 48,— M
Bestell-Nr. 763 049 9 (2167/S1)

Sonderband 3
Petr L. Kapica
Experiment — Theorie — Praxis
Aufsätze und Reden
Übersetzung aus dem Russischen

Bearbeitet und herausgegeben von *Günter Lotz †, Dietrich Schulze, Wolfgang Wächter, Christa Winterstein*

1984. XIX, 435 Seiten — 37 Abbildungen, davon 13 auf 4 Kunstdrucktafeln — 1 Frontispiz — 2 Tabellen — 14,5 × 21,5 cm — Leinen 54,— M
Bestell-Nr. 763 276 9 (2167/S3)

BEITRÄGE ZUR FORSCHUNGSTECHNOLOGIE

Lieferbare Titel

Band 3 *Gerhard Etzold*
Aufgaben und Organisation eines methodischen Zentrums in der molekularbiologischen Forschung

1976. IX, 53 Seiten — 2 Abbildungen — 14,5 × 21,5 cm — 6,— M
Bestell-Nr. 762 004 7 (2167/3)

Band 8 *Rudolf Arthur Pose*
Rechnergestützte Bildverarbeitung
Erkenntnisse und Erfahrungen aus der Hochenergiephysik

1981. XVII, 227 Seiten — 94 Abbildungen — 14,5 × 21,5 cm — 30,— M
Bestell-Nr. 762 973 8 (2167/8)

Band 9 **Forschungstechnologie**
Aufgaben — Probleme — Aktivitäten
Vorträge auf dem Kolloquium anläßlich des Geburtstages von Helmuth Faulstich

1983. VII, 196 Seiten — 41 Abbildungen, davon 9 auf 8 Kunstdrucktafeln — 14,5 × 21,5 cm — 28,— M
Bestell-Nr. 763 047 2 (2167/9)

Band 10 *Peter Liewers*
Rauschdiagnostik

1985. XIV, 231 Seiten — 105 Abbildungen — 5 Tabellen — 14,5 × 21,5 cm — 32,— M
Bestell-Nr. 763 389 2 (2167/10)

Band 11 *Reinald Hillebrand u. a.*
Bildinterpretation in der Hochauflösungs-Elektronenmikroskopie
Numerische und optische Verfahren zur Interpretation elektronenmikroskopischer Hochauflösungsabbildungen kristalliner Objekte

1984. XIV, 126 Seiten — 53 Abbildungen, davon 35 auf 22 Kunstdrucktafeln — 4 Tabellen — 14,5 × 21,5 cm — 22,— M
Bestell-Nr. 763 432 6 (2167/11)

Band 12 *Karl-Heinz Müller*
Zuverlässigkeit und Funktionseffektivität komplizierter technischer Systeme

1986. XIV, 152 Seiten — 23 Abbildungen — 2 Tabellen — 14,5 × 21,5 cm — 22,— M
Bestell-Nr. 763 547 6 (2167/12)

Band 13 *Hans-Dietrich Bauer*
Analytische Transmissionselektronenmikroskopie

1986. XII, 60 Seiten — 36 Abbildungen, davon 15 auf Kunstdrucktafeln — 1 Frontispiz — 7 Tabellen — 14,5 × 21,5 cm — 12,— M
Bestell-Nr. 763 572 4 (2167/13)

FSC
www.fsc.org
MIX
Papier | Fördert
gute Waldnutzung
FSC® C083411

Kolibri 360 GmbH
Ferdinand-Jühlke-Straße 7
99095 Erfurt, Deutschland
produktsicherheit@kolibri360.de